農家が教える

わくわくニンニクつくり

農文協 編

品種・栽培から
葉ニンニク
ニンニクの芽
黒ニンニク
ニンニク卵黄まで

農文協

はじめに

本書は、月刊誌『現代農業』に掲載した記事を再編集し、ニンニクの栽培と利用の極意をまとめたものです。

ニンニクは食欲増進、スタミナアップの食材としてとても人気のある野菜です。そんなニンニクは自分で育てると、球（いわゆるニンニク）はもちろん、葉ニンニクやニンニクの芽も食べることができます。さらには近年大人気の黒ニンニクなども自分で作ることができます。

ニンニクといえば青森県など寒いところでつくられるものと思われがちですが、じつは香川県をはじめ大分県など暖地でも栽培ができます。直売所向けに栽培する農家や自給する人は全国に広がっています。全国のニンニク愛好家たちの栽培法、食べ方、売り方はじつにさまざま。大人気の黒ニンニクの作り方も味も、それぞれの農家で違うのです。

本書では、寒冷地と暖地それぞれの栽培暦や栽培のポイントをまとめたほか、農家おすすめの品種・系統や早どり・遅どりできるコツ、農薬を使わない工夫、長期保存法などを紹介します。また、全国の農家から教えてもらった黒ニンニク作りの裏ワザや、余ったニンニクを長期保存できる漬け物のレシピ、ニンニクが健康をもたらすしくみなどもまとめました。

つくって、食べて、ニンニクのパワーを存分にいただきましょう！

2024年6月

一般社団法人　農山漁村文化協会

目次

つくる、食べる、保存する パワー全開！ ニンニクづくし

球も葉ニンニクもニンニクの芽もみんなうまい……6
納豆菌散布でニンニクの有機栽培……10
黒ニンニク活用アイデア……14
ガーリックブレイドを作ろう……16

第1章 ニンニクをつくる 栽培の極意

ニンニク栽培の基礎

ニンニク栽培暦……18
ニンニク栽培Q＆A……20
ニンニクの生き方……28
ニンニクのうまい話① ジャンボニンニクも栽培がラクで、球も芽もうまい……35

ニンニクの品種

ニンニクの主な品種……36
農家おすすめのニンニク品種
香りマイルドな大粒ニンニク「アリオーネ」……38
強烈に辛くてうまい 竹やぶで復活した「ハリマ王」ニンニク……40
病気に強い在来ニンニク「フレノチウ」……42
スタミナ満点 葉ニンニク「ハーリック」……44

第2章 ニンニクをつくる　農家の栽培術

早どり・遅どりしたい

植え付け前の種球を冷蔵庫へ
早どりニンニク栽培……46
暖地型品種「平戸」でニンニクの早どり……47
クズ品利用　ニンニクを芽出しして遅どり……49

大玉をたくさんとりたい

モミガラと薄皮むきで大玉がゴロゴロとれた……50
シイタケの菌床エキスで生長促進……53
堆肥の布団で大収穫間違いなし……55
元肥の堆肥を変えただけで、
ニンニクの収量が2割アップ……57
ニンニク産地一丸で異常球を解決！……59

無農薬で育てたい

ニンニクの有機栽培
自家培養の納豆菌で春腐病を防除……64
無農薬栽培なら、摘んだニンニクの芽も売れる……67
タンニン鉄で
ニンニクのさび病が出なくなった……68

石灰で虫寄らず、苦土で大玉……69

ニンニクのうまい話②
段ボールの上でコロコロ、
カビ知らずのニンニクに……71

ラクに収穫・調製したい

ジャガイモ収穫機でマルチごと掘り取り……72
タネ割り、乾燥、尻磨き
アイデア農機でぜーんぶ解決……74

長期保存したい

ガーリックブレイドで売ってみた……78
映える　省スペース
ガーリックブレイドを作ろう……78

スプラウトにしたい

たった10日間でできる　スプラウトニンニク……82

ニンニクのうまい話③
水耕栽培のニンニクは根もうまい……86
栄養たっぷり！　スプラウトで売る……87

ニンニクで減農薬
イネ　カメムシに
自家製ニンニク&トウガラシエキス……88
イチゴ　ニンニクが
アブラムシ・ハダニ対策になる……90
ハウス両端のウネにニンニクを植えて、
モグラの嗅覚を突く……91

第3章　ニンニクを食べる

黒ニンニクの作り方あれこれ
りん片はバラして詰める……94
炊飯器に炭を敷いて、ベチョベチョを防ぐ……96
米酢に漬けて塩こうじをまぶす……100
末時さんの黒ニンニクの活用アイデア……101
すりつぶしニンニクで
黒ニンニクパウダーを大量に作る……104
中古ロッカーと大鍋でどっさり作る……106
炊飯器を2週間開けずに我慢……108
黒ニンニクの健康効果……110
ニンニクのおやつ・漬け物
砂糖・ハチミツで煮詰めて
おやつにもなるニンニク甘納豆……112
ニンニクのうまい話④
びっくりの甘さ　黒ニンニクの黒酢シロップ……113
ニンニクの酢漬け……114
ニンニクの黒砂糖漬け……116
余ったニンニクの味噌漬け……118
ニンニク卵黄を自分で作る
ニンニク卵黄の作り方……120
世界が注目　ニンニクの健康効果……124

つくる、食べる、保存する
パワー全開！
ニンニクづくし

ここでは本編に入る前に、本書のエッセンスをギュッと凝縮してお届け。
ニンニクを自分でつくることで得られる豊かさがわかります。

わがニンニク道

球も葉ニンニクもニンニクの芽もみんなうまい

熊本・岩根高輝

5月上旬、ニンニクのトウ摘みを手伝ってくれたメンバー。左端が筆者（編集部、以下編）

のぼりでニンニクをアピール。畑は8ha以上あり、売り上げは4000万円以上（編）

牛を飼い、ニンニクを育てる。
この道より、我を生かす道はなし。
この道を行く。
25年前、私は自分の心にこう誓いました。
ニンニクをつくり始めて3年目のことです。

迷わず、ニンニクでいこう

私は地元の農業高校を卒業後、家畜人工授精師の資格をとって、20歳の時に牛舎を新築し、酪農専業農家として仕事を始めました。それから27～28年が過ぎ、社会情勢の変化もあり、酪農家から肉牛農家に転身。肉牛では酪農のように牧草や飼料作物をあまり必要としないので、小作地も含めた畑が余るようになりました。地主の人からはそのまま使ってほしいと言われ、タマネギやネギ、ジャガイモなどをつくってみましたが、作業を考えると「肉牛＋ニンニク」がベストという結論に至り、今後は迷うことなく、この道で行こうと心に決めました。

今では肉牛の仕事は息子夫婦と孫が中心になっているので、私と妻と協力してくださる皆さんとで8ha以上のニンニクを生産から販売まで担当しています。収量は合計50tぐらいになると思いますが、JA、県内外の直売所、黒ニンニクの会社、加工業者と、販路を拡大してきました。受け皿となる販売先があってこそ、広くニンニクづくりができているので、皆さんに喜んでもらえるようないい品物を届けられるよう、努力を続ける覚悟です。

ニンニクを育てるうえで心がけているのは、化学肥料に頼らないことです。肥料や堆肥は与えすぎるとよくないので、必要最小限にして、作物の自分で生きる力に任せています。そのほうが安心安全なニンニクができると思っています。

お茶の時間に黒ニンニク

多くの方がニンニクの植え付けや収穫、乾燥、選別、荷造り、出荷などの作業を手伝ってくれます。シルバー人材センターの皆さん30人以上、地元の皆さん16～17人。これらの方々の協力なくして私のニンニクづくりは成り立ちませんので、心から感謝感謝です。そんな気持ちもあって、年に1～2回は皆で旅行に行ったり、反省会（宴会）を開いたりして、楽しんでもらっています。

仕事内容は10月中旬に植え付け、翌年5月中旬から収穫となりますが、冬から春も草取りや防除など、何かしらの作業をやっています。乾燥後の選別は6月中旬から9月まで延々と続きます。

和気あいあいと働き、お茶の時間に作業場で作っている黒ニンニクを食べるのも楽しみの一つ。材料はもちろん自家産です。専用の羽釜2～3台をフル稼働させてできた黒ニンニクは甘くてとてもおいしい。皆さん、毎日2～3粒食べています。中には食べすぎて鼻血を出してしまい、病院へ直行した男性のシルバーさんもいます。1日5～6粒までにしたほうがいいと思います。

焼き肉、ラーメン、カレー、唐揚げ……どんな料理にも合う

私はニンニクを食べているおかげか、風邪もひかず、コロナにもなっていません。世界で一番身体にいい食べ

手作りの黒ニンニク。休憩時間にみんなで食べる（編）

ラーメンを食べる時は、ニンニクを生のままかじる（編）

乾燥したニンニクの調製作業。年中、販売している

ものといわれているのも事実だと思っています。コロナが流行して、スタミナをつけること、体力をつけることに意識が向き、ニンニクの需要が少し増えた気がします。

私のニンニクの食べ方を少し紹介します。焼き肉のタレにニンニクを少しすりおろすだけで、肉がすごくおいしく感じます。夏場はそうめんのつゆにすりおろして、麺にからめて食べます。バーベキューでは、ニンニクをほぐさずに丸ごと焼いて「爆弾ニンニク」に。カップラーメンを食べる時は、生のニンニクをかじりながら麺をすすります。煮込みホルモンやカレー、唐揚げなどをつくる時、ニンニクを少し使うだけで味が引き立ちます。ニンニク醤油にする、ラッキョウと一緒に漬け込むなど、アイデア次第で料理がうまくなると思います。

「ニンニクの芽」も「葉ニンニク」も

中華料理に使われるニンニクの芽も絶品です。ゴールデンウィークの頃にニンニクの芽かき（トウ摘み）をするのですが、目的は花芽ではなく球に栄養が行くようにするためです。この時、かきとった花茎をニンニクの芽と呼びます。これがまた、うまい。国産は貴重ですし、外国産と違って味と香りがしっかりしています。塩コショウで炒めれば、酒のつまみに最高です。

葉ニンニクは高知県が有名ですが、私の地域でも食べる習慣があります。生育途中の1～3月に根ごと引き抜いたもので、好きな人は直売所などを探し回るそうです。私も葉ニンニクを販売していますが（「にんにく」「葉にんにく」「にんにく（花茎）」と農薬登録が別なので注意）、出荷調製作業にかなりの手間がかかります。でも、これを楽しみにしているお客さんもいるので、なかなかやめられません。

葉ニンニクはネギみたいにすき焼きの具にしたり、みじん切りにして卵焼きに入れたりすると、おいしいですよ。塩コショウなどで炒めてもいいし、豚バラ肉やほかの野菜と合わせて味噌で炒めてもいい。タカナと一緒に漬け込むと、タカナそのものがうまくなるとも聞きます。

ヒマワリで笑顔を取り戻す

２０１６年の４月14日と16日の夜、あの熊本大地震が起こりました。大きな大きな被害が発生し、怖いし、眠れないし、不安がいっぱいで皆の顔から笑いがなくなりました。なんとか少しでも明るくならないか。そんなことを考えながら、前から少し興味のあったヒマワリのタネを取り寄せ、収穫を終えたばかりのニンニク畑にばらまきました。初めてのことです。やがて芽が出て、畑一面に大きな花。きれいでした。感動しました。地震に負けないでと言っているようで、うれしかったです。道行く人が車を止めて写真を撮ったり、花をもらっていいですかと声をかけてくれたり、笑顔も少し見えました。

現在も、２〜３枚のニンニク畑は収穫後の３〜４カ月、ヒマワリ畑へと姿を変えています。皆さんの喜ぶ顔が私もうれしいのです。

（熊本県菊池市・㈱ＫＫファーム岩根）

5月上旬、ニンニクのトウ摘み。大面積なので、大勢で一気に進める（編）

摘み取った花茎（ニンニクの芽）。販売はしていないが、炒めものにすると絶品。作業する人は家に持ち帰るのを楽しみにしている（編）

ニンニクの収穫後にヒマワリを栽培。地元の名所になった

ニンニクをつくる

栽培中の春に腐れが出る「春腐病」。普通はこまめな殺菌剤散布が欠かせない。ところが、藤岡親子は無農薬で大面積の有機栽培。秘密は納豆菌のパワー!?

納豆菌散布で ニンニクの有機栽培

兵庫県多可町・藤岡茂也さん、藤岡啓志郎さん
（写真・依田賢吾）

藤岡親子の父・茂也さん。ニンニク5.5ha（すべて農薬不使用）、ダイズ、イネを栽培する。奥は納豆菌液の培養に使うバルククーラー

手作りスプレーヤで大量散布

1月頃から約2週間に1回、手作りスプレーヤで10a当たり100～150ℓの菌液を散布。納豆菌が優占し、春腐病菌からニンニクをガードする

500ℓのローリータンクに原液を注入。ウネをまたぎながらトラクタを走らせ、左右に伸ばしたノズルとタンク台につけた細霧ノズルから、3ウネ同時に散布。10a当たり約10分で散布できる

有機ニンニクは直売所でも大人気。黒ニンニクにも加工して販売

春腐病の株（中央）。原因は主に土中の菌。納豆菌液でも抑えきれなかった時は、早めに抜き取り感染拡大を防ぐ

納豆菌液を大量培養

12月末～4月上旬、廃品の生乳用バルククーラー8台で納豆菌液を常時約8000ℓ培養。納豆菌液でタマネギのべと病を防いだ『現代農業』の記事（2016年12月号p 88）を参考に、7年前から始めた

材料

約1000ℓの水に対して納豆1.2kg、きび糖5kg、豆乳4ℓ、タネ菌液

納豆をすべてタマネギネットに入れて浸水。染み出たネバネバを削ぎ落とすように揉み洗う。培養には菌のみを使い、マメは入れない

バルククーラー
牛乳の冷却・保管に使う酪農用資材。約1000ℓと大容量で保温性もいいので培養タンクにピッタリ
HIDA EXPRESS
ORION

藤岡茂也さん、藤岡啓志郎さんのニンニク無農薬栽培について、詳しくは64ページからも併せてご覧ください

バルククーラーのふた裏にヒーター（矢印）を取り付ける息子・啓志郎さん。寒い時期は数日間だけ30℃前後に温めて、発酵を促す

材料を投入。水中ポンプで菌液を循環させて酸素を送り、発酵を促進。納豆のにおいが強くなり、pH5.5ぐらいになったら完成。古くなると納豆菌ではなく乳酸菌が優占してpHがやや酸性に傾く

ニンニクを食べる

それぞれビンなどに入れて卓上に置いておくと使いやすい

カチカチ・ベチョベチョも捨てずに楽しむ

黒ニンニク活用アイデア

福岡県香春市・**末時千賀子さん**　（写真・戸倉江里）

黒ニンニクを作ると、カチカチに硬くなったり、ベチョベチョに柔らかくなったりしてしまうこともしばしば。そんな失敗作も、末時さんは活かしておいしくいただきます。

カチカチを軟らかくする

ハチミツと酒で軟らかくなった黒ニンニク。一味違う黒ニンニクとして楽しめる

末時千賀子さん。毎年たくさんの黒ニンニクを自作。そのまま食べるだけでなく、工夫を凝らしてとことん楽しむ

ベチョベチョを黒ニンニクバターにする

ベチョベチョになった黒ニンニクをフォークなどでつぶしてペースト状にし、バター、塩、コショウを加えて練り上げる。小分けにしてラップにくるみ、冷蔵庫で冷やして固めておくと使いやすい。できあがった黒ニンニクバターをゆでたジャガイモにつけて食べる

黒ニンニクを料理に使う

食材の一つとして黒ニンニクを料理に使う。いちおしは黒ニンニク入りチャーハン。刻んで加えるだけで風味が増す

末時さんの黒ニンニクの作り方や、
黒ニンニクの皮の活用法については
101ページも併せてご覧ください

ニンニクを保存する

軒下に吊るしたガーリックブレイド

ガーリックブレイドを作ろう

茨城県古河市・**塚原雄二さん**　（写真・田中康弘）

ガーリックブレイドを作れば、映えるだけでなくコンテナ不要で乾燥できる。

詳しい作り方は80ページをご覧ください

第1章

ニンニクをつくる

栽培の極意

ニンニク
栽培の基礎

ニンニク栽培暦

大産地の青森と香川の方式を紹介。寒地と暖地ではそれぞれの気候風土に合った栽培法がとられている

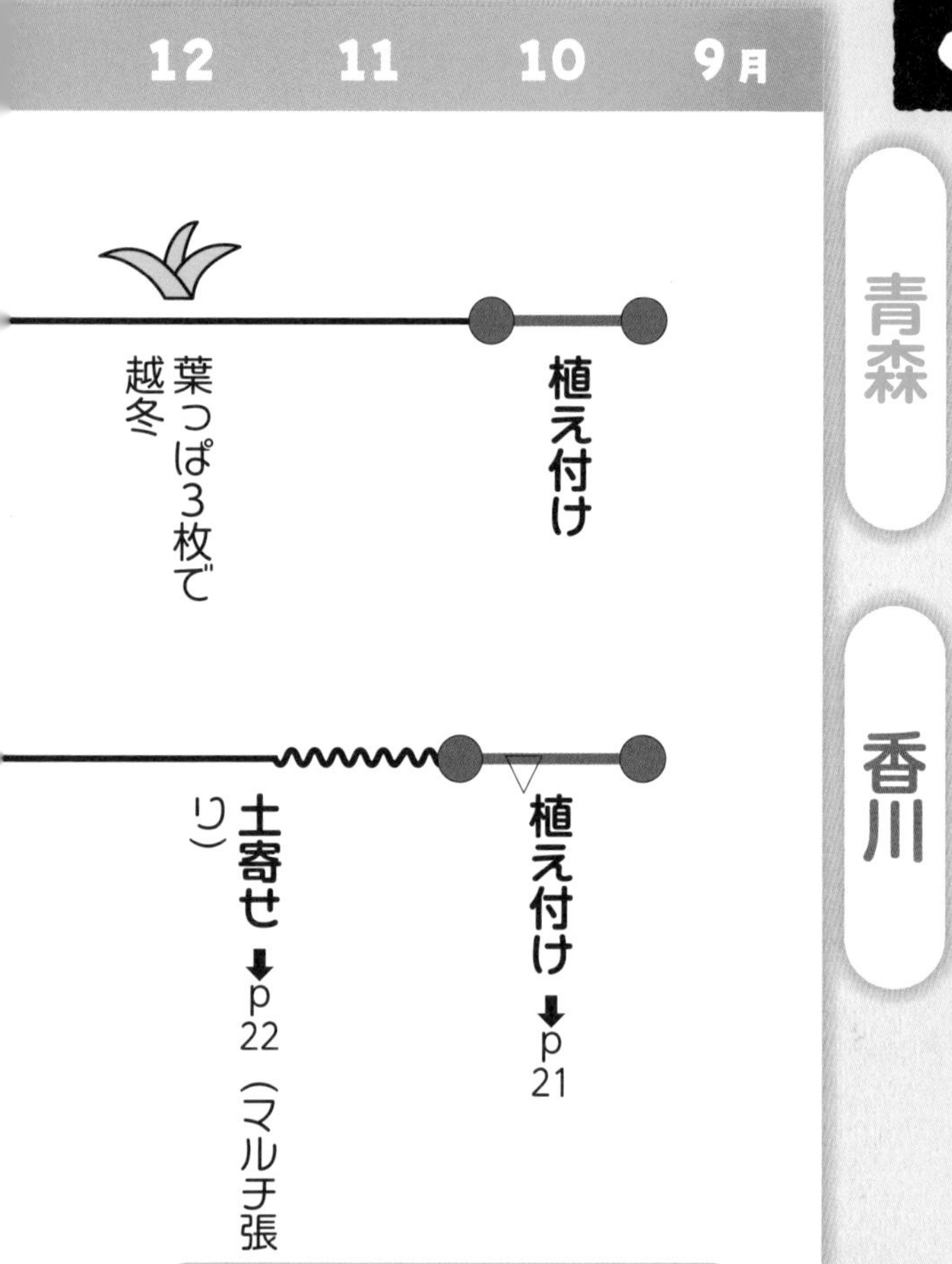

青森方式

ウネ立て・深植えマルチ栽培。浅植えすると霜柱の影響でタネがマルチの上に押し出されてしまう。茎葉がもっとも生長する4、5月に降水量が少ないため、マルチで乾燥防止

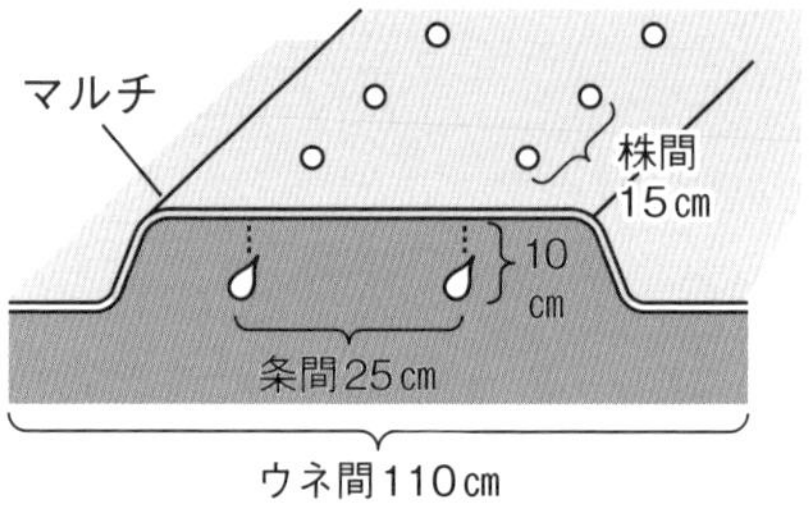

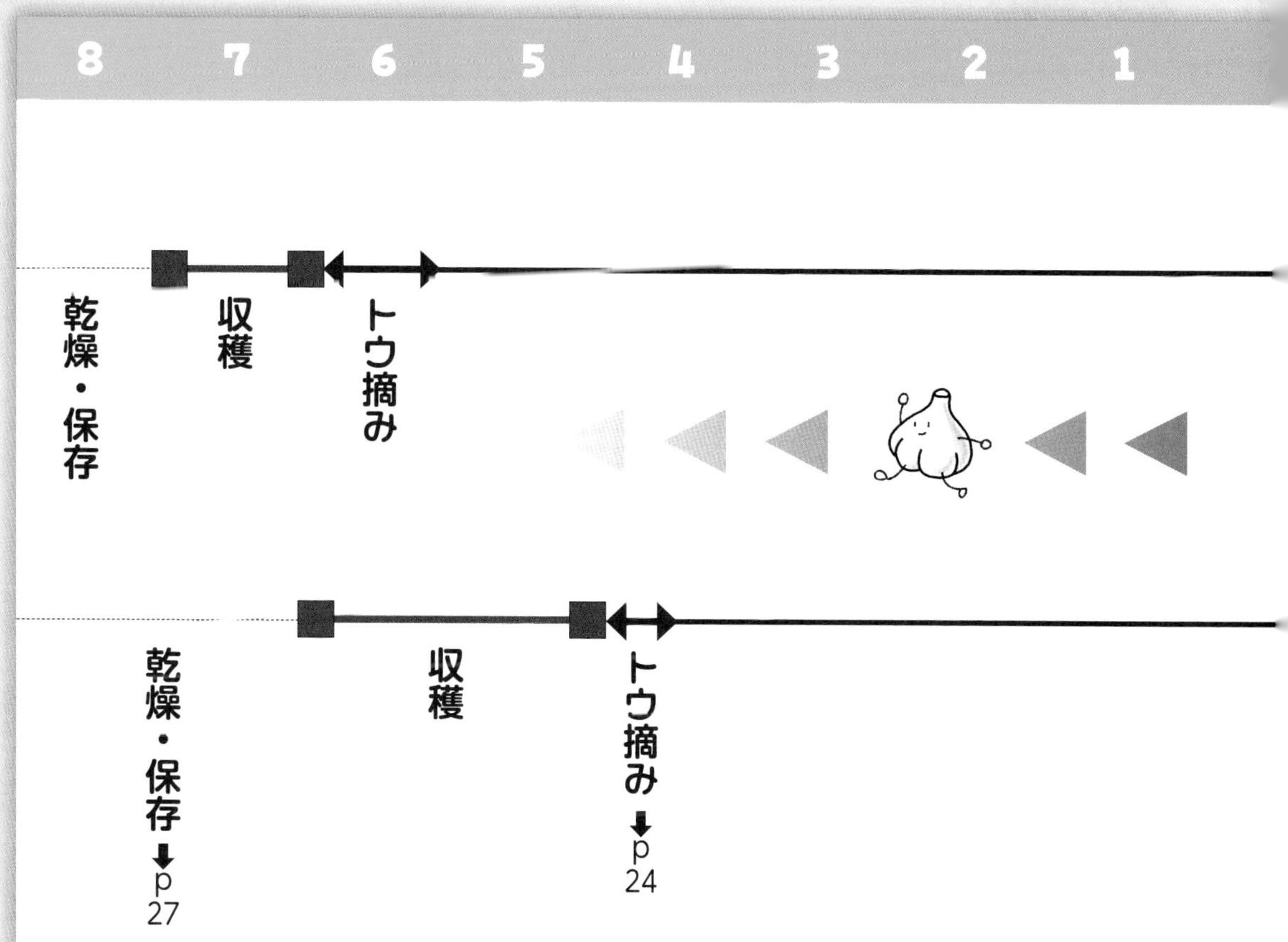

元肥一発施肥の例
（家庭菜園向け）

植え付け１カ月前に酸度矯正で苦土石灰を200g/㎡ほど、完熟堆肥2kgを畑全体にまいて土とよく混ぜておく。１週間前には元肥として緩効性肥料、たとえばCDU555（チッソ、リン酸、カリを15％ずつ含む）を160～170g/㎡、畑全体にまいてウネを立てる

香川方式

平ウネ・浅植えでスタートして発芽を揃える。土寄せで球割れや草を抑えながらウネを立てる。11月中旬にマルチをすれば、数日～２週間ほど収穫が早まる

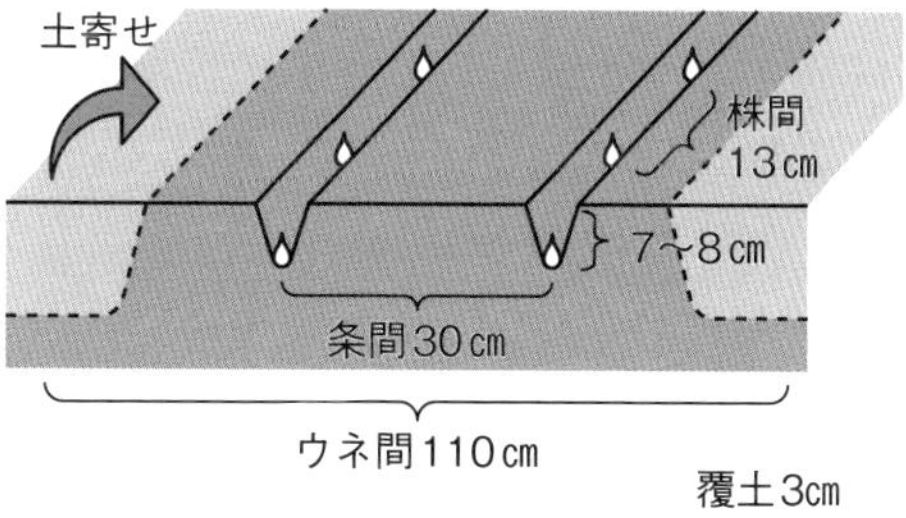

ニンニク栽培Q&A

ニンニク栽培の大切なポイントを、産地の専門家と現場の農家に教えてもらった。

夏の休眠から覚め、芽と根が伸び始めたタネ
（写真提供：庭田英子、以下N）

Q ニンニクの品種にはどんなものがあるの？

A 寒地型、暖地型、低緯度型に分けられる。そのほかジャンボニンニクはニンニクではなく、リーキの仲間です。

元青森県畑作園芸試験場・**大場貞信**

ニンニクの品種は大きく分類すると、寒地型、暖地型、低緯度型の3タイプに分けられます。

市場でよく目にする青森県の「福地ホワイト」や、北海道の在来種「富良野」（りん片が赤褐色なので「ピンクニンニク」とも呼ばれる）は寒地型です。寒地型の品種は休眠がとても深く、熟期が遅い極晩生です。

暖地型は四国や九州などで栽培されています。生育の早い早生種で「上海早生（嘉定種）」「平戸早生」「壱州早生」などがあります。低緯度型には沖縄で栽培されている「沖縄早生」や静岡の「遠州極早生」などがあります。草丈は寒地型や暖地型より低いが、冬の間も生長を続けるのが特徴です。

葉ニンニク用の専用品種「ハーリック」（八江農芸）は上海早生と同じく中国在来の暖地型で、生育が早く、葉の幅が広くて軟らかいのが特徴です。

「ジャンボニンニク」「無臭ニンニク」と呼ばれるものは、草姿が大型でりん球も大きく重い。植物学的にはリーキの近縁種と考えられており、トウ立ちするとネギボウズをつけます。ただし、ジャンボニンニクと呼ばれる

香川県でのニンニクの植え付け作業
（写真提供：伊藤博紀、以下Ｉ）

ニンニクの主な品種と特徴

分類		代表的品種	早晩生	花茎長（cm）	りん片数	保護葉の色
品種のタイプ	休眠性					
寒地型	極深い	福地ホワイト	極晩生	短（5～30）	6個前後	白
寒地型	極深い	富良野	極晩生	極長（70～90）	6個前後	赤褐
暖地型	中程度	上海早生	早生	極長（70～100）	12個前後	白
暖地型	中程度	壱州早生	中生	長（40～70）	12個前後	白
低緯度型	なし	沖縄早生	極早生	極短（5～10）	12個前後	淡桃
低緯度型	極浅い	遠州極早生	極早生	長（40～60）	12個前後	赤紫

『新特産シリーズ　ニンニク』大場貞信著、p56より

ものの中にも、寒地型、暖地型、早生、晩生など品種特性がまったく違うものがいろいろ存在しているので、注意が必要です。

Q タネを植えても、出芽がなかなか揃わないんだけど……

A りん片を水に12～24時間浸けるといい。

香川県農業革新支援センター・**伊藤博紀**

植え付け前日、りん片を水に12～24時間浸けましょう。やるとやらないでは、萌芽の揃いがぜんぜん違います。

香川県での栽培は、平ウネでスタートして萌芽後に土寄せしてウネを立て、生育途中でマルチを張るのが一般的です。植え付けは、まず深さ７～８cmの植え溝を浅く切ります。りん片は芽の出る尖ったほうを真上にして軽く押さえる程度に並べ、覆土は３cmを目安に土のかけすぎに注意しましょう。浅植えなので、萌芽の揃いもよくなります。

芽かき（除けつ）のやり方

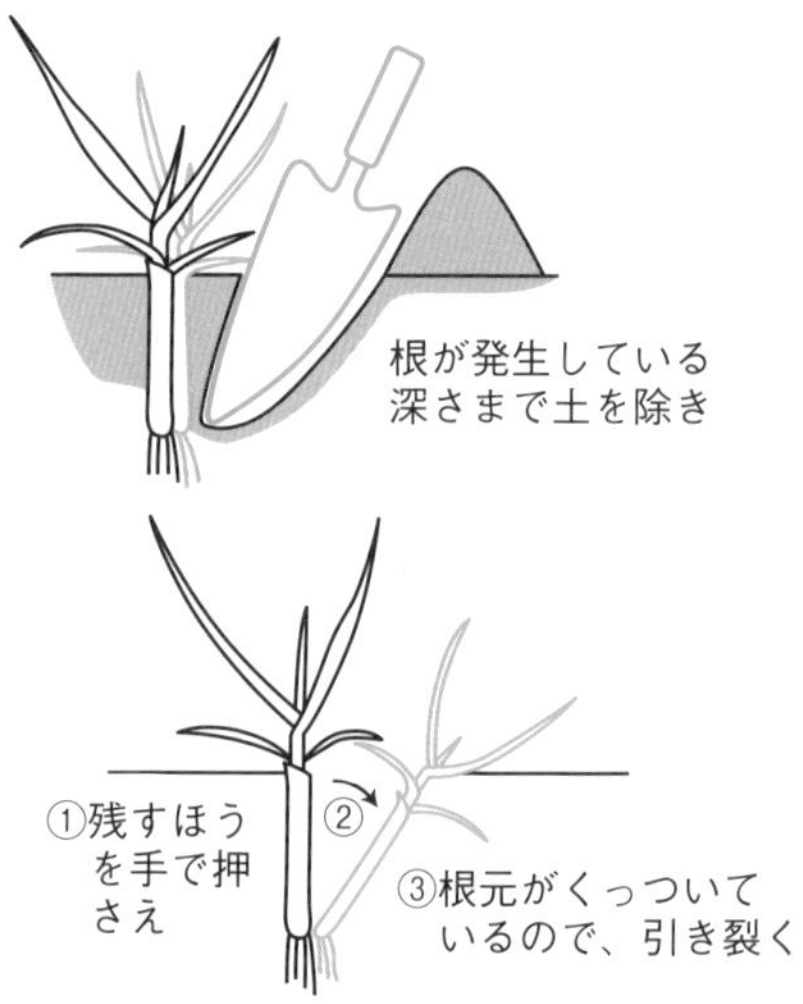

根が発生している深さまで土を除き
①残すほうを手で押さえ
②
③根元がくっついているので、引き裂く

茎立ちが始まった頃、小さい（細い）ほうを除く。小さいほうを傾けて（②）根元を引き裂いて取り除き、土を戻す

Q 1片のタネから何本も芽が出てきちゃった!?

A 1片のタネに複数の芽があったから。芽かきして1本立ちさせましょう。

元青森県産業技術センター野菜研究所・庭田英子

植えた種球《しゅきゅう》（タネ）の元をたどると、p32上の写真にあるように、側球《そくきゅう》の分化期に複数の生長点が隣接して発生したと考えられます（肥料過多などが原因）。1片の側球内に生長点が複数できていたため、何本も萌芽したのです。そのまま生育すると、それぞれのりん球の形が悪くなるので、早めに余計な芽を取り除き、1本立ちさせましょう（芽かき）。

まれに温暖地で、何本も茎（偽茎、p34）が発生して、葉がうっそうと茂ることがあるそうです。原因は長い期間冷蔵された種球を用いたからと考えられます。冷蔵は冬と同じ。品種の花芽分化に十分な冷蔵期間があると、植え付け後の秋の温度を春と勘違いし、生長点が花芽分化・側球分化することがあります。そのまま側球が太れば早出しになりますが（p46）、秋にいったん種球が完成するような温暖地で、その後、本当の冬に当たって再度低温感応すると、1回の栽培で2世代分を経過。側球の生長点も花芽分化し、孫世代の側芽《そくが》が分化して10本以上の芽が出たりします。

できた生産球は小さく、円形でなくなってしまいます。商品価値は著しく損なわれますが、食用、種用として使ってもとくに問題はありません。

Q 土寄せって必要？なぜするの？

A 浅植えの場合は絶対に必要。球割れを防ぎます。深植えすればしなくてもいい。

伊藤博紀

浅植えでスタートする場合は必要です。香川県で栽培する上海早生は裂球《れっきゅう》（球割《たまわ》れ）しやすい品種です。裂球を軽減するには、土寄せをして地温や水分の変化を緩やかにすることが大切です。萌芽直後から11月中旬のマルチ張りまでに、新葉の展開に合わせて3～4回土寄せしながら、ウネを高くします（無マルチ栽培なら、12月中旬までに土寄せ・ウネ立てをすませるとよい）。

土寄せする時は、下層部の通気不足や土壌の締まりを防ぐため、完熟堆肥などを条間に施してから行ないましょう。

一方、最初からウネを立ててマルチを張る栽培では、土寄せをしません。青森県で主流のやり方ですが、香川県でも経営面積の大きな農家などが取り入れています。その場合、裂球を防ぐために種球を10㎝ほどの深さに植える必要があります。

香川県での土寄せ作業のようす（Ｉ）

香川県でのマルチからの芽の引き出し作業のようす（Ｉ）

A　モミガラの層の上に土寄せ。土圧で球割れを防ぐ。割れ球は黒ニンニクにして販売。

岡山県赤磐市・**万道博行**

毎年9aほどニンニク（上海早生）を植えています。球割れ防止のため、2回の土寄せをしています。9月20日頃、半ウネに5㎝ほどの深さに植え付けます。10月初旬に化成肥料（14－14－14）を60g／㎡追肥。その後、11月下旬～12月初旬にモミガラを4～5㎝の厚さにまいてから、その上に培土機で土寄せします。排水溝（通路）

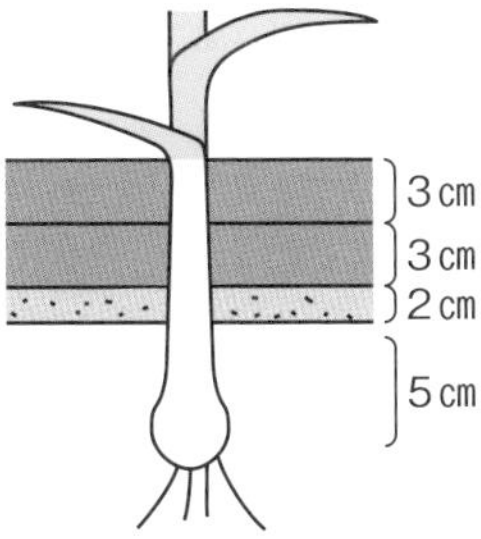

万道さんの植え付けの深さは約5㎝。2回の土寄せでモミガラの層は2㎝程度に圧縮されるが、球は10㎝以上の深さに潜ることになる

1回目の土寄せのようす。条間にモミガラを敷いてから、培土機で土寄せする（写真提供：万道博行、下も）

2回目の土寄せ後。土寄せで雑草も抑えつつ、土圧をかけて球割れを防止

が深くなることで、根腐れも防ぎます。

2回目の土寄せは2月上旬。NK化成（16－0－16）を60g／㎡追肥して土寄せします。これが遅れると必ずといっていいほど球割れが多くなります。また、土寄せが浅くても球割れが出る、つまり土圧《どあつ》が必要です。モミガラと土の層により保温、保湿、酸素供給がなされて、乾燥、湿害ストレスに強いニンニクになると思います。

それでも、トウ立ちが早かった2割くらいの株は割れが出ます。私は割って黒ニンニクにして青空市場（直売所）に出荷しています。

Q トウ摘みはしなきゃいけないの？

A 状況によってはやらなくていい。

庭田英子

「トウ」とは花茎の先端の総苞《そうほう》に包まれた部分です。総苞の中の珠芽《しゅが》（p30）は、側球と同じ養水分を必要とするため、りん球の肥大と競合します。施肥不足などで、りん球肥大が不十分な場合は、トウ摘みをして養分をりん球に集中させるとよいでしょう。

反対に、毎年りん球の大きさが十分で、「おんぶ症」（左ページ図）が多く発生するのに減肥もしていない場合は、珠芽をつけたままにして植物体内の養分を分散させたほうがいいでしょう。おんぶ症の発生率を多少減らすことができるかもしれません。

また、生育は十分な状況でも、量が多くて収穫に日数がかかりそうな場合は、珠芽を切除するウネと切除しないウネを分けるのもよいです。珠芽を除くと側球の成熟が若干早まります。珠芽なしウネを先に、珠芽ありウネを後で収穫すれば、適期を若干でもずらすことができます。

さらに、食用でなく種球用の生産を考えると、珠芽を利用して増殖倍率が低い品種・系統の種球をいくらかでも多くつくることができます。青森県の栽培種「福地ホワイト」の平均側球数は約6片。つまり、1作で6倍にしか増えません。これに3～6個できる珠芽も加えれば、増殖倍率は9～12倍になります。

ただし、採種した珠芽を通常どおり9月下旬～10月上中旬に植えると、花芽分化のための栄養が不足し、ほとんどが一つ球にしかなりません。植え付けを9月上旬に早め、越冬前の生育量を確保できれば、花芽分化をして4～6片の側球を得られます。

トウ摘みのタイミング

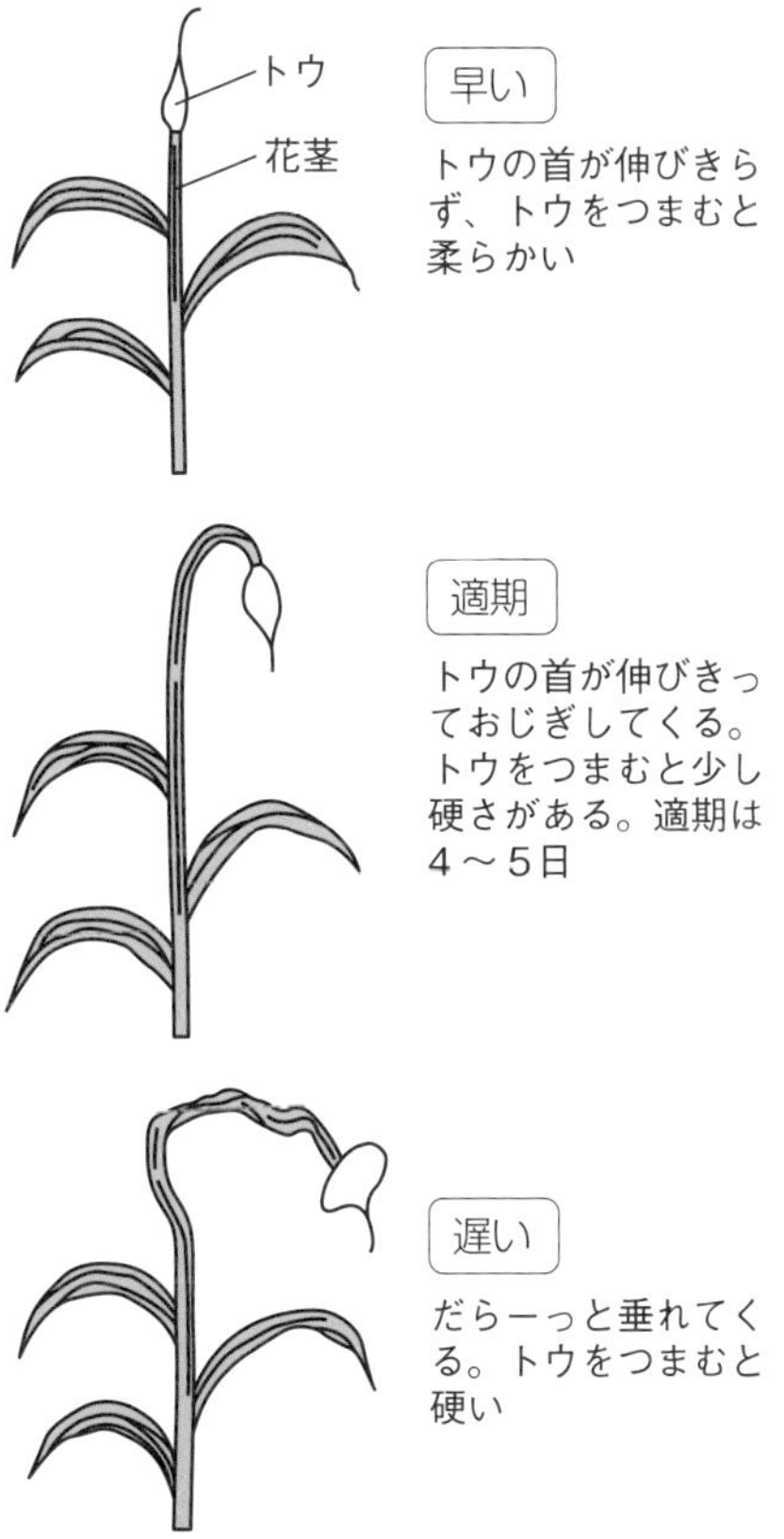
トウ
花茎
早い
トウの首が伸びきらず、トウをつまむと柔らかい
適期
トウの首が伸びきっておじぎしてくる。トウをつまむと少し硬さがある。適期は４～５日
遅い
だらーっと垂れてくる。トウをつまむと硬い

暖地型品種での例。『現代農業』2009年９月号p156「九州一のニンニク産地―視察者の質問に答える」より

おんぶ症のニンニク

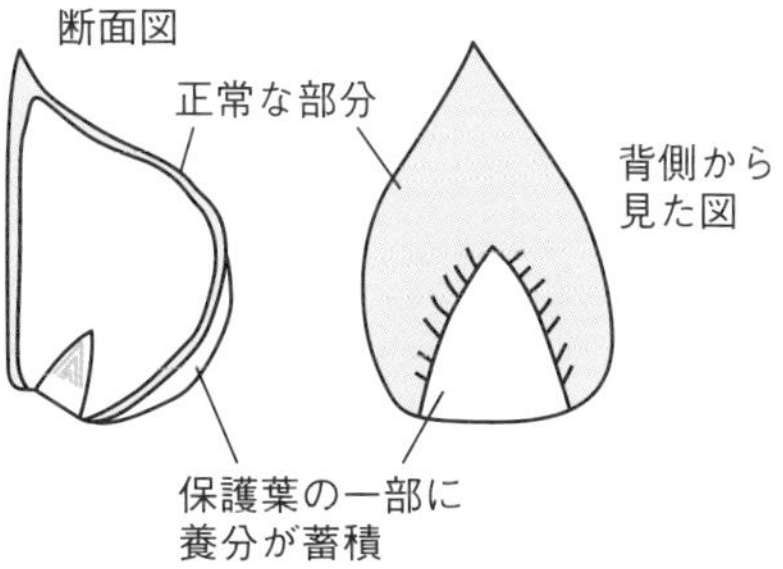
断面図
正常な部分
背側から見た図
保護葉の一部に養分が蓄積

側球肥大期の養分過多により、本来保護葉になる組織の一部に貯蔵養分が溜まってしまったもの

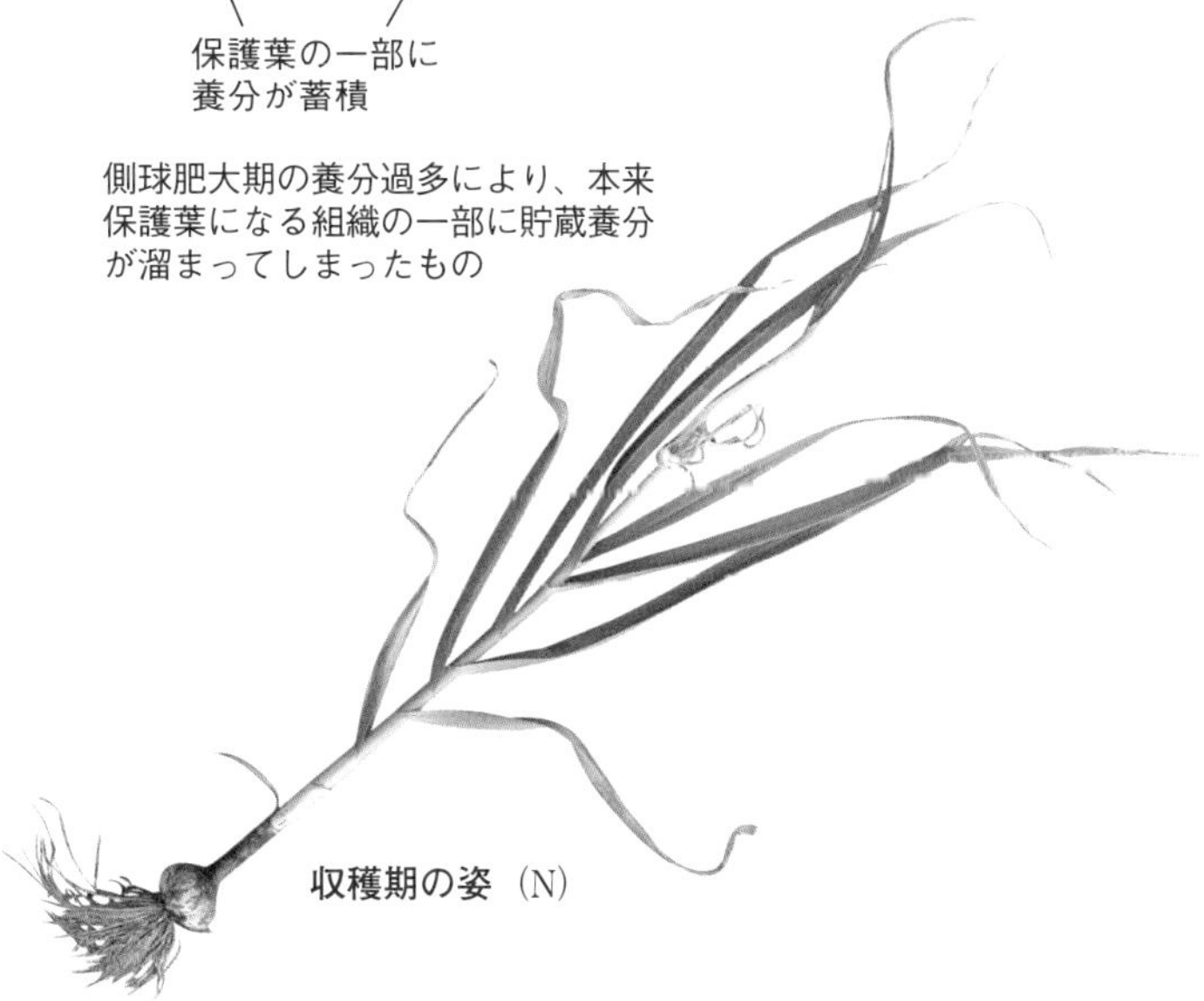

収穫期の姿（N）

Q トウ立ちしたけど、伸びきらない……

A 花茎の長さは品種や個体によって違う。短くても問題なし。

庭田英子

花茎の長さには品種間差があります。上海早生は完全に伸びきるタイプですが、福地ホワイトは伸びきらないこともあります。個体ごとの差が大きく、環境によっても変わります。

花茎が短くなる要因には、タネが大きい、肥料が多い、越冬前の生育量が大きかった、花茎が伸びる時期に雨が少なかった、などがあります。

収穫した福地ホワイト。珠芽の位置が確認できるところに矢印をつけた。高さがバラバラである（N）

Q スポンジ症状が出ちゃった……

A 気候に合った品種を選び、適期に植え付けしましょう。

大場貞信

スポンジ症状とは、りん片が花茎の周りに分化していないため、外観は球状に見えますが、中がスカスカの状態のものをいいます。この原因は、おもに栽培する地域と品種のミスマッチ、植え付け適期を逃したことにあります。

福地ホワイトは寒地型の品種です。寒地型は冬の寒さに長く当たらないと、りん片の分化が行なわれにくいという特徴があります。この品種を暖地で栽培すると、冬の寒さで十分な低温が得られないため、りん片分化が行なわれずスポンジ症状の球となってしまいます。

スポンジ症状の発生を防ぐには、地域の気候に合った品種を選び、適期に植え付けすることが基本となります。

A 温暖化で10年以上前から出てる。低温を感じやすいマルチなし栽培のほうがよさそう。

福岡県桂川町・**古野隆雄**

アイガモ水稲同時作後の水田転換畑で秋冬野菜をつくっています。10年以上前からニンニクのスポンジ症状が目立ってきましたが、それ以前はまったく出ませんでした。

ニンニクは低温に当たらないと花芽分化しませんよね。おそらく、温暖化の影響で栄養生長から生殖生長にうまく切り替わらないのでしょう。上海早生を育ててますが、スポンジ症状のニンニクは花茎が伸びず、分球もしない。一つ球になって中身が硬くならずに水を含んだスポンジのようにぐにゃっとなる。

うちでもマルチを使っている息子の畑にはよく出ていて、収量が3分の1になった年もある。一方で私がホウキング（手作り株間除草機）でつくる、マルチなしのニンニクは発生が少ない傾向にあります。マルチなしのほうが低温を感じやすいからじゃないですか？

中国産のタネで出やすく、自家採種していくと出にくくなるという人もいます。上海早生とはいうけど、ここより寒い地域でタネ生産しているんじゃないでしょうか？　温暖な九州にもってくると、低温を感じずに生殖生長に移らない。でも、自家採種していって気候に慣れたら生育転換しやすくなるのかもしれませんね。（談）

家庭で保存するなら、土つきのままでOK（編）

Q 収穫したニンニクを家庭で上手に保存するには？

A 土つきのまま、湿気がこもらない暗所に吊るしておく。

庭田英子

収穫後も貯蔵葉《ちょぞうよう》は生きているため、呼吸によりエネルギーを得ています。ニンニクの呼吸量は大きくはないですが、酸素供給が多いと生長が進み、二酸化炭素が多いと生長が抑えられるのは、ほかの作物と同じです。外皮や盤茎《ばんけい》は貯蔵葉を外界から守る役割をしていますが、調製作業でこれらの一部が取り除かれると、酸素供給が増えて呼吸量が大きくなり、発根や萌芽が促進されます。したがって、家庭用であれば土つきのままでよく、調製は不要ともいえます。湿気がこもらない、温度の上下が少ない暗所に、網袋に入れて吊るしておきます。

なお、密閉すると自らの呼吸によって酸素が減り二酸化炭素が増えるため、徐々に生育は抑えられますが、同時に水分も出てくるので密閉状態で湿度が上がり、カビの発生や腐敗につながります。芽や根が多少伸びても食べられますが、カビは避けたいので、第一に湿気がこもらないようにすることが大事です。とはいえ、乾燥剤を使用すると貯蔵葉のみずみずしさも低下し食味を落とすことになります。

常温での貯蔵には限界があり、夏期休眠覚醒後は３カ月程度が限度と考えましょう。

A 長期保存の場合は、オイルや醤油に漬けておくとよい。

大場貞信

直売農家や家庭菜園向けに、一次加工して貯蔵・保存する方法を紹介します。

ニンニクは、貯蔵中に次第に休眠から覚め、芽が出てきます。貯蔵中に球の盤茎の周りが盛り上がり始めると休眠からさめた兆候です。このような兆候が見え始める前に加工すると、より長く保存できます。

①生ニンニクおろし　ニンニクの皮（保護葉《ほごよう》）をむいてすりおろし、熱湯消毒したガラス瓶に詰めて冷蔵庫で保存します。いつでもおろしニンニクとして使うことができます。

②ニンニクオイル　皮をむいたニンニクを刻み、少量の油をひいて弱火で香りが立つまで炒め、冷ました後、熱湯消毒した瓶にオリーブ油とともに入れて保存します。香りのよいオイルとしてサラダのドレッシング、魚のカルパッチョなどに使えます。

③ニンニク醤油　ニンニクの皮をむき、りん片の硬いつけ根の部分をカットし、粒のまま（または薄くカットしたもの）を、熱湯消毒した瓶に醤油とともに漬け込みます。醤油にニンニクの風味が移ったら、チャーハンや肉の味つけなどに使います。

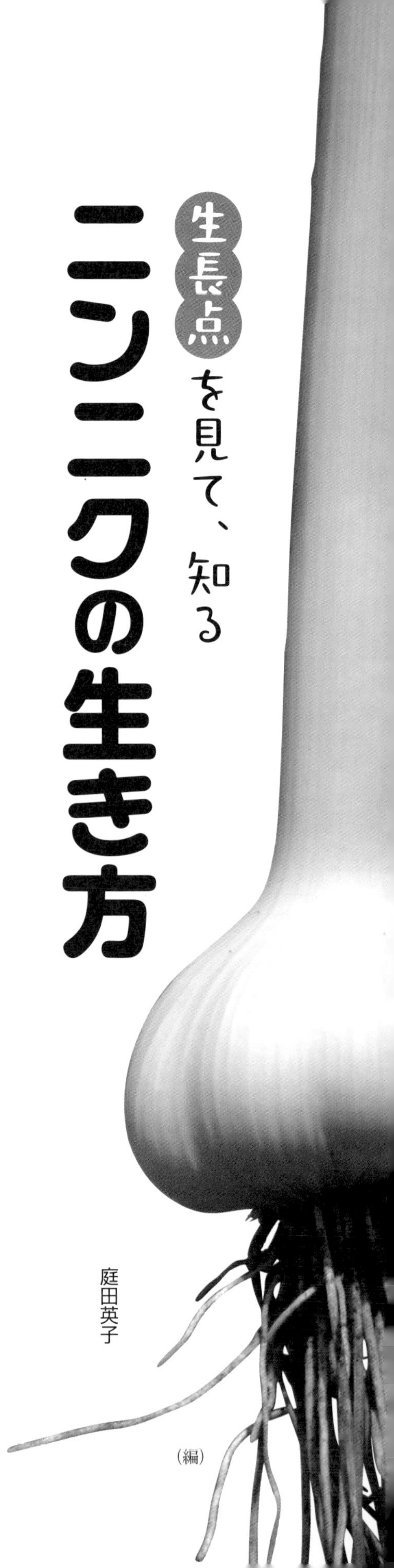

生長点を見て、知る
ニンニクの生き方

庭田英子
（編）

ニンニクの生き方を知ってほしい

２０２３年３月、青森県産業技術センター野菜研究所を退職しました。前身の青森県畑作園芸試験場で、１９７８年から始められていたニンニクのウイルスフリー化事業のための茎頂（生長点）培養を１９８０年の採用当時に引き継ぎ、その後、栽培や乾燥・貯蔵の試験も担当しました。

青森県は国内最大の産地であるため、県外の方からも栽培に関する相談を多くいただきます。その中で、農家でも自家菜園でも、ニンニクの性質がわかっていたら、もっと気軽に、大きな失敗なく栽培できるのではないかと思うようになりました。この記事が少しでもニンニクの生き方を考える助けになればと思います。

タマネギと違って花芽分化は必須条件

便宜上、私たちは作物を大きく二つに分けています。春にタネを播いて夏に花芽分化し秋に収穫する作物を「夏作物」、秋にタネを播いて冬の寒さを経過後、春に気温上昇にともなって花芽が分化し、夏に収穫する作物を「冬作物」と呼んでいます。ニンニクは冬作物の一つです。

商品としてのニンニク球は外側が数枚の皮で覆われ、中央には硬い芯があって、芯の周りに可食部が放射状に並んでいます。植物学的には、外皮はもともとのニンニクの「葉鞘《ようしょう》」部分が乾いたもの、芯は「花茎《かけい》」、可食部は「りん片（側球《そくきゅう》）」です（図１）。

収穫時に花茎があるということは、生育過程で花芽分化が必須条件となります。植物分類上の仲間であるネギやタマネギが花芽分化すると、花芽に栄養が奪われて品質が落ちるのとは逆です。どちらかというと、秋に植えて春に花が咲くチューリップやスイセンで立派な球根をつくることをイメージしたほうが、栽培の助けになるのではないでしょうか。

図1　りん球の姿

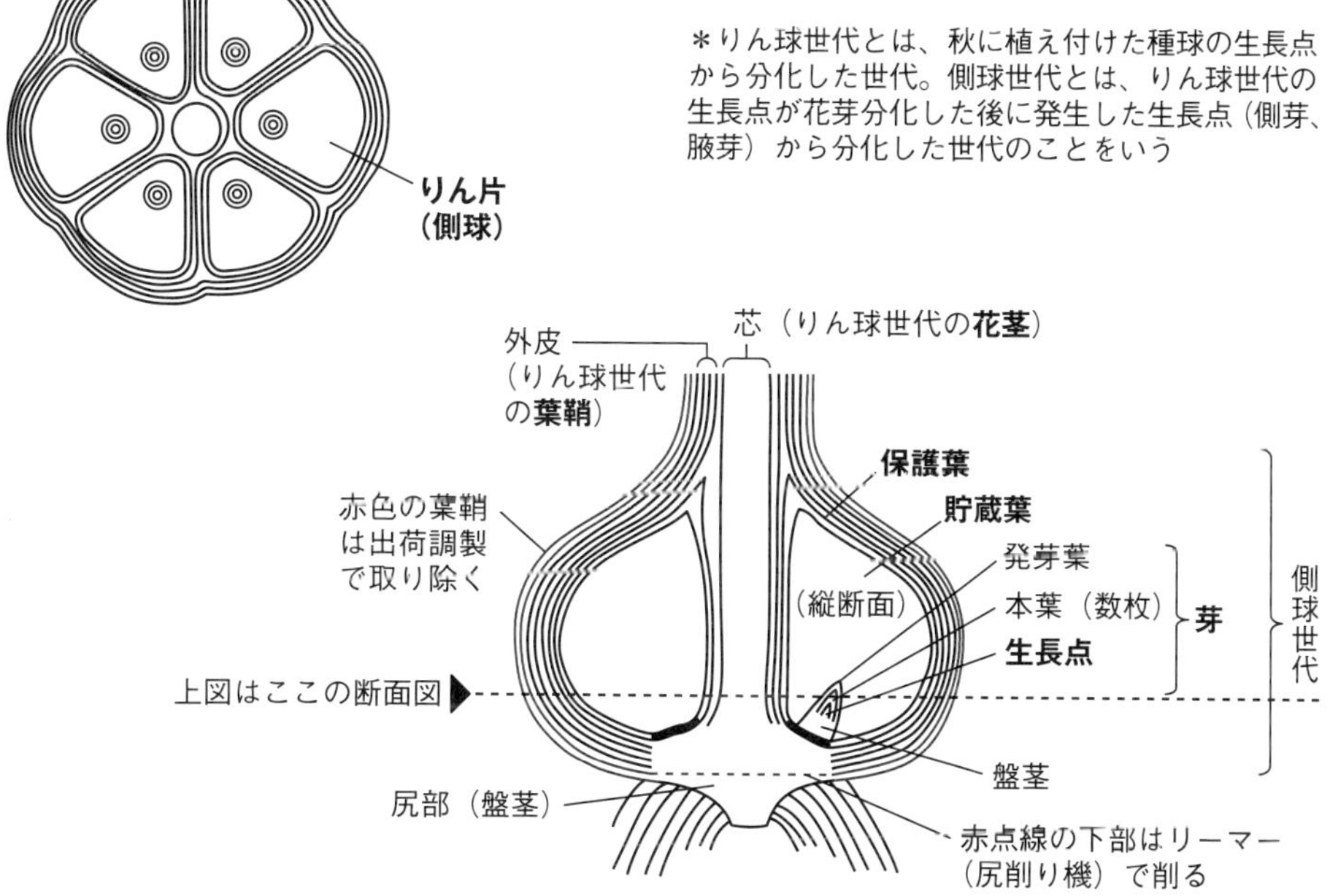

赤色の葉鞘は出荷調製で取り除く

＊りん球世代とは、秋に植え付けた種球の生長点から分化した世代。側球世代とは、りん球世代の生長点が花芽分化した後に発生した生長点（側芽、腋芽）から分化した世代のことをいう

上図はここの断面図

赤点線の下部はリーマー（尻削り機）で削る

「貯蔵葉」と「芽」を食べている

可食部のりん片（側球）は、硬い殻に包まれていますが、これは1枚の葉から水分が抜けて硬くなったもので、「保護葉《ほごよう》」と呼ばれています。そしてその内側の本当の「可食部」を保護しています。「可食部」は栄養成分や機能性成分をため込んだ「貯蔵葉《ちょぞうよう》」、さらにその内側に次世代のための「芽」があります。

「可食部」は「芽」の中に複数の葉を形成した状態で、夏の高温期を休眠して過ごし、涼しくなった秋には貯蔵葉の養水分を利用して芽の生長が再開され、発根が始まり、次世代につながっていきます。つまり、可食部が次世代のタネとなるのです。

ニンニクの生長点はどこにある?

可食部の側球は、タネとして栽培に用いる時には「種《しゅ》球《きゅう》」と呼びます。種球は、基本的に1片に1個の生長点をもっています。生育途中のニンニクの葉を、顕微鏡下で外側から順次剥がしていくと、株元の中央に円形のドーム状の生長点が見えてきます（図2）。

この生長点ドームの直径は0・3～0・5㎜ほどと小さいのですが、本当の分裂組織はもっと小さく、ドームの約0・1～0・2㎜ほど真下に存在します。生長点ドームは新しい葉を180度の角度で、互い違いにつくります（「互生《ごせい》」という）。

図2　ニンニクの生長点（栄養生長期）

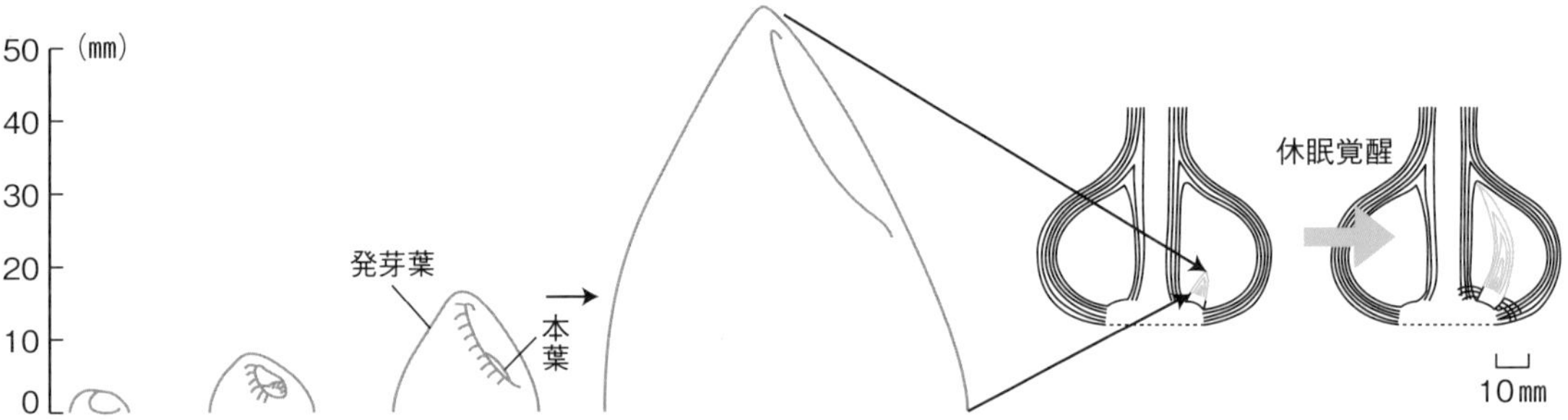

50
40
30
20
10
0
（mm）
発芽葉

10mm

生長点は葉を交互に発生し、その葉が伸長するのを繰り返す。本葉数枚つくって休眠

休眠覚醒後、貯蔵葉の養水分を用いて、芽が伸長再開、根が発生

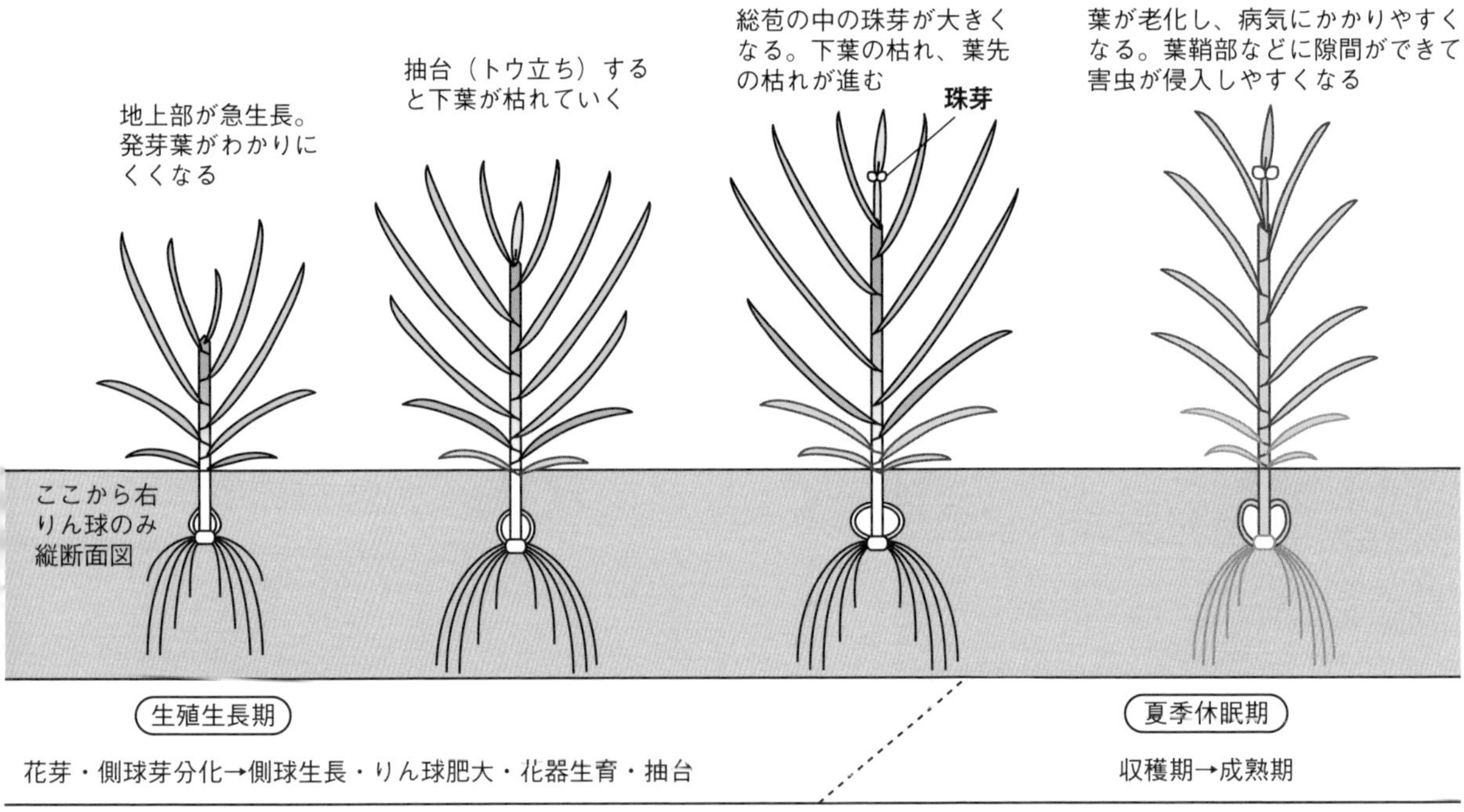

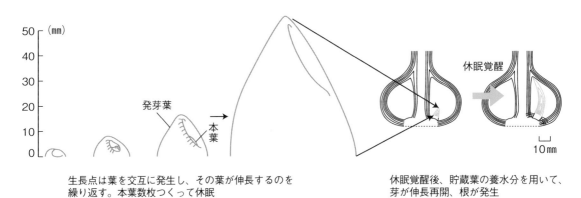

地上部が急生長。発芽葉がわかりにくくなる
抽台（トウ立ち）すると下葉が枯れていく
総苞の中の珠芽が大きくなる。下葉の枯れ、葉先の枯れが進む
珠芽
葉が老化し、病気にかかりやすくなる。葉鞘部などに隙間ができて害虫が侵入しやすくなる
ここから右りん球のみ縦断面図
生殖生長期
花芽・側球芽分化→側球生長・りん球肥大・花器生育・抽台
夏季休眠期
収穫期→成熟期

晩秋に気温が下がると生長点の葉づくりは徐々に緩やかになり、冬には停止します。秋～冬の畑では、地上部に3～5枚程度の葉が発生して越冬に入りますが、外から見えないその奥に、すでに数枚～十数枚の葉がつくられています。すべての葉は盤茎部《ばんけいぶ》から発生していて、葉元の位置は生長点がつくる新しい葉によって水平方向に外側に押しやられます。つまり、生長点は地下部にあり、地上部に現われるのは生長した葉鞘と葉身《ようしん》です。

そのため、ニンニクの生長点は位置がつねに盤茎部の中央の上端部にあり、葉の形も単純なので、植物体の中でも観察しやすいものです。10倍程度の拡大で確認できるため、実体顕微鏡やスマートフォンでも観察できます。購入したニンニク片でも見られるので、興味のある方は縦横に切って観察してみましょう（ニンニク汁の刺激で手指が荒れることがあるので、ゴム手袋を忘れずに）。

側球はニンニクの腋芽が生長した姿

花芽分化にはその前に一定の低温（冬）が必要ですが、冬の長さがどれくらい必要かは品種・系統によります。寒冷地には長い冬を必要とする系統（晩生種）、温暖な地域では短い冬で十分花芽分化できる系統（早生種）が適しています。

越冬後、気温の上昇にしたがい生長点は花芽に分化します。種球1個に1個しかなかった生長点が花芽に変化し始め、一時期、植物体内に芽の生長点がない状態にな

図3　ニンニクの生き方　（模式図、青森県の場合）

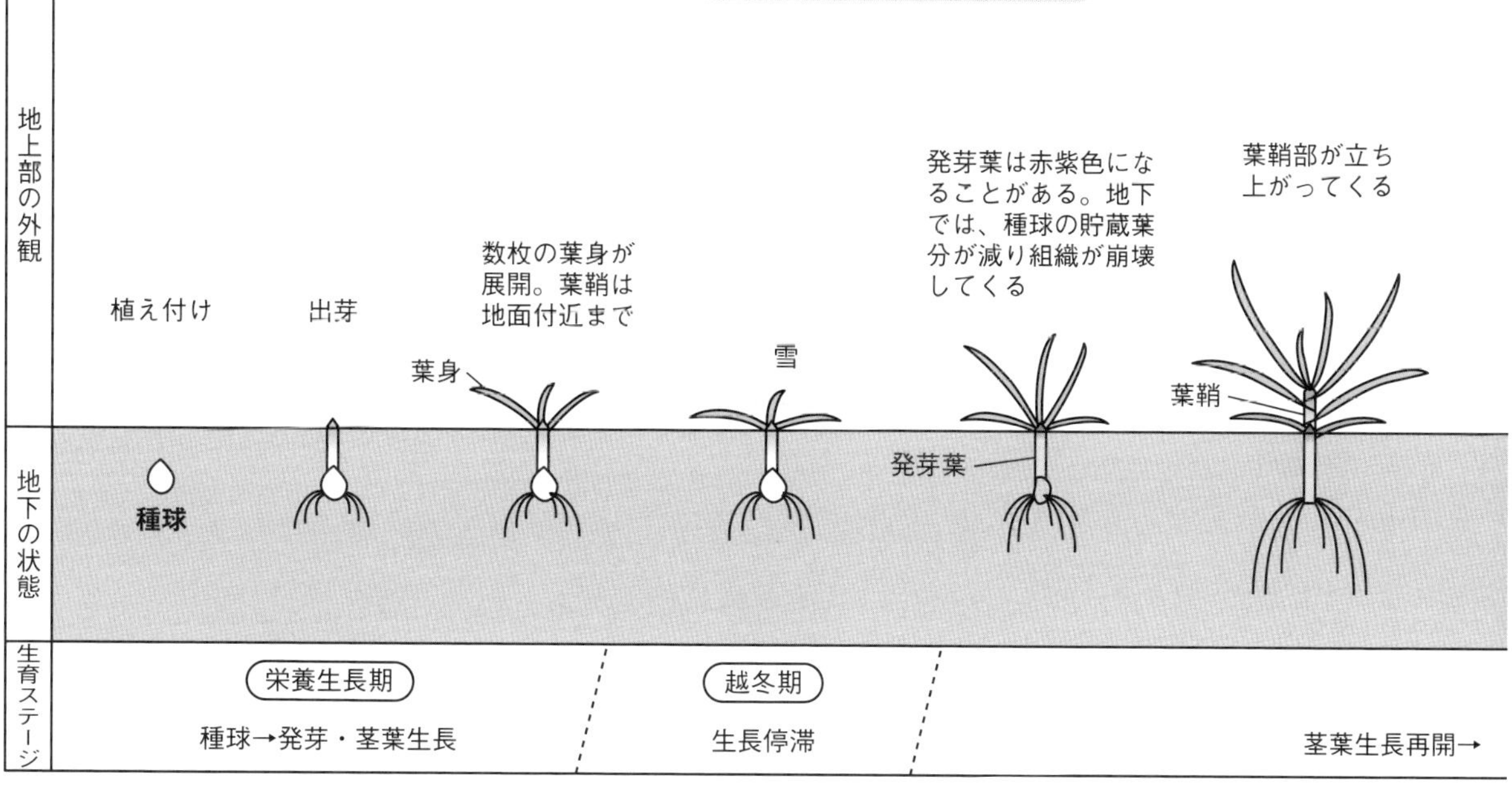

ります。

そこでニンニクは花芽分化の開始にともない、花芽の下位の1~3節に次世代の生長点を用意します（右上写真）。まず、節間が水平方向に広がり、それぞれの節間に1~複数の新しい生長点が発生し、これが次世代の側球に発達します。すなわち、側球とはニンニクの側芽《そくが》（腋《えき》芽《が》）が生長した状態なのです。

側球は複数の葉で構成され、最初に発生した葉が保護葉、2枚目が貯蔵葉、3枚目が発芽葉、その後にさらに数枚の葉を発生させながら、貯蔵葉に栄養分を貯めてい

花芽と側球の分化（生殖生長期）

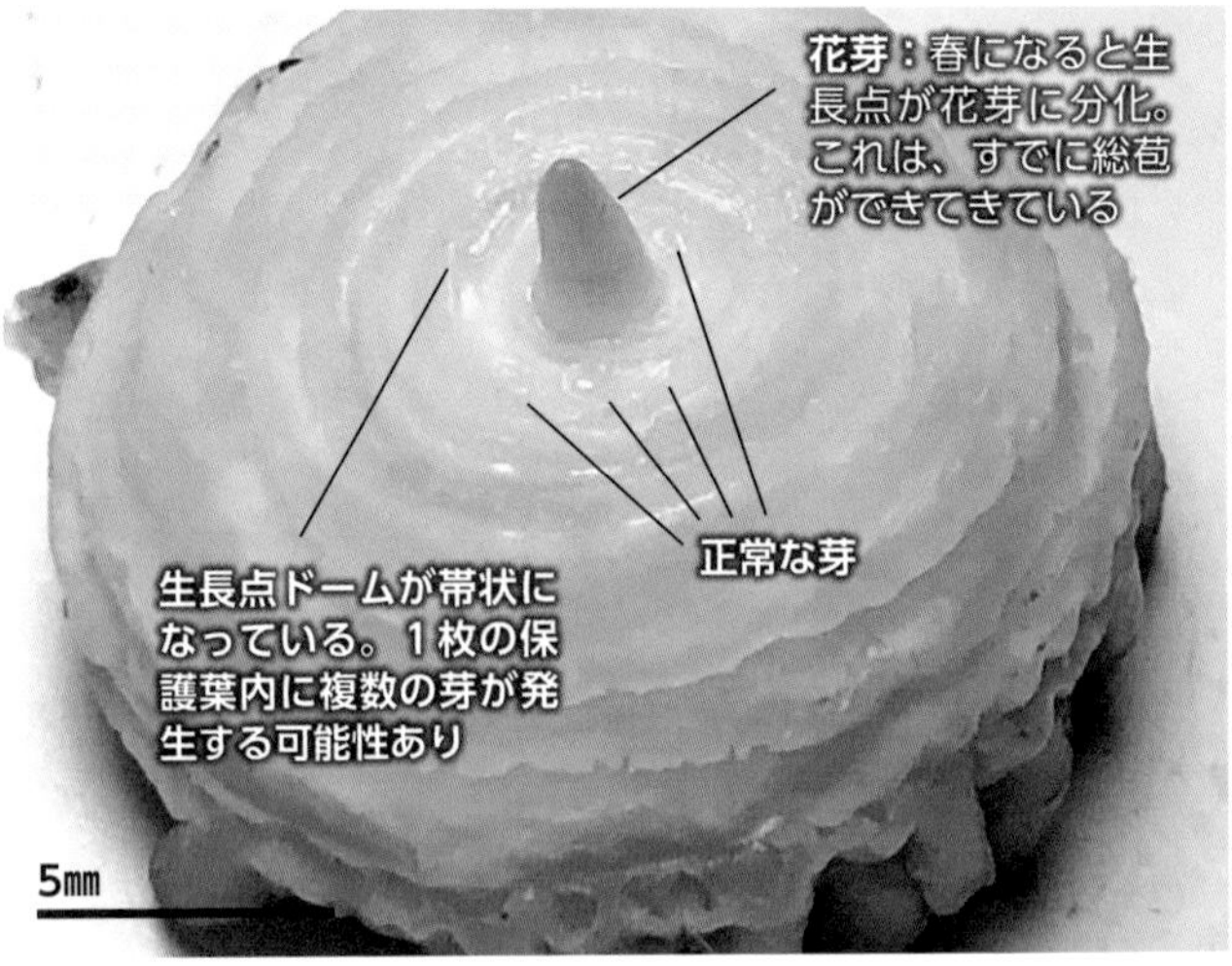
花芽：春になると生長点が花芽に分化。これは、すでに総苞ができてきている
正常な芽
生長点ドームが帯状になっている。1枚の保護葉内に複数の芽が発生する可能性あり
5㎜

花芽の周りをくるくる巻いているのが、葉（葉鞘）を切り取った跡（元）で、それぞれの葉の付け根がニンニクの節。花芽の下位1～3節の節間に新しい生長点ができて側球に発達する。左の写真は、花芽の下位2節に側球の芽が発生している

花芽と側球の生長

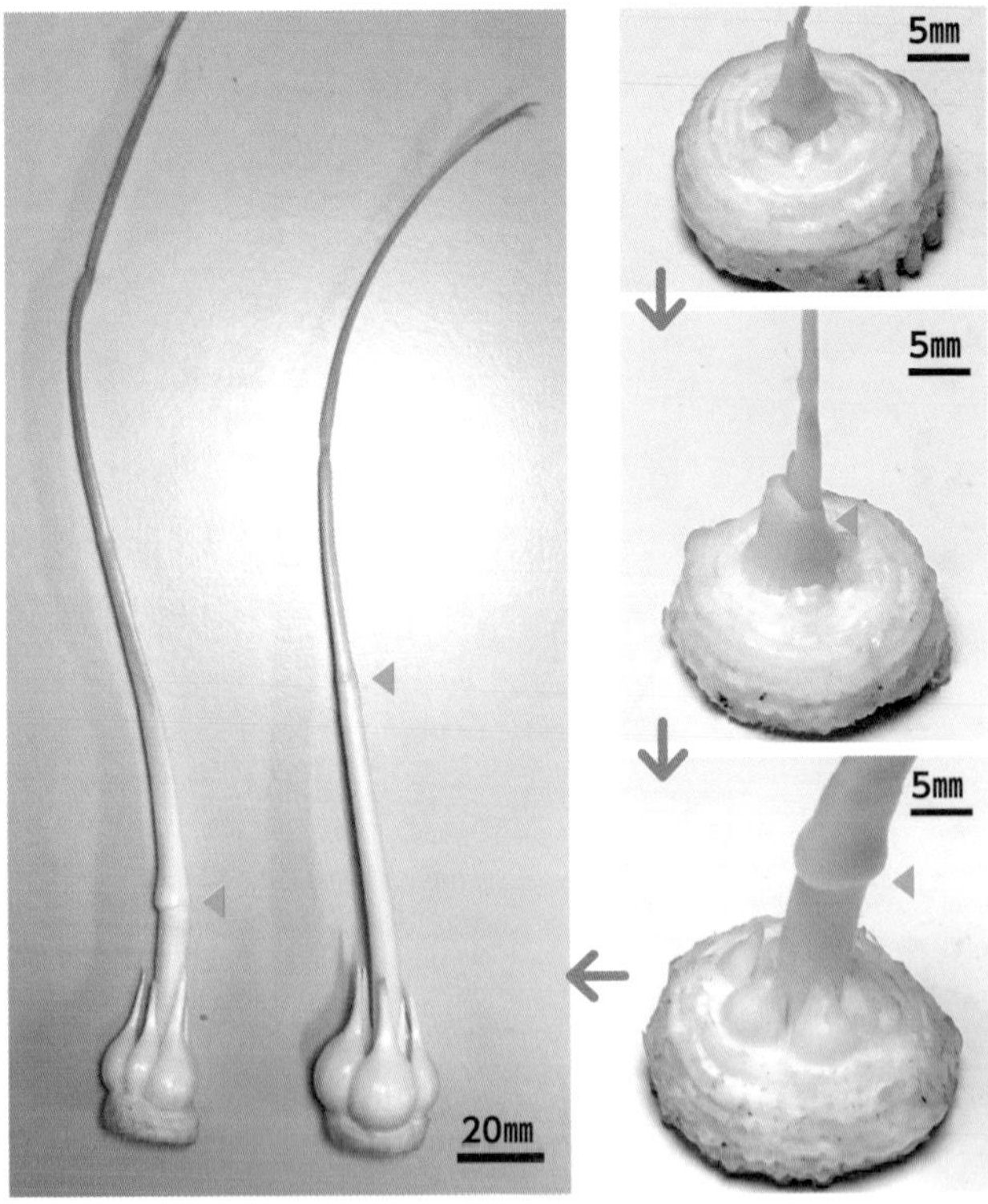
5㎜
5㎜
5㎜
20㎜

＊それぞれ違う個体なので、側球の芽の数が違う

＊◀の下が花茎、その上が総苞。「福地ホワイト」は、花茎の長さの個体変異が大きい在来種

きます。

花芽分化して、花よりニンニク球

一方、花芽に分化したほうの生長点は、花茎、総苞《そうほう》、小花《しょうか》などの花器を形成します。

ただし、ニンニクの花器はネギのように多数の小花が集まったいわゆるネギ坊主にはなりません。花茎の先端（総苞内）にたまには小花もつくのですが、数個の小さなニンニク球を形成し、これらは「珠芽」と呼ばれます。珠芽はもともと花器になる組織が変化したものです。

ちなみに、花器が別の器官に変化することはたまにあって、桜やバラの八重咲きは、本来ならめしべやおしべになる部分が花弁《かべん》に変化したものです。一方、ニンニクの珠芽は貯蔵葉と芽をもち、側球とほぼ同じ性質をもっています。花器の一部を貯蔵葉に変化させることで、行き場を失った豊富な栄養をため込んでいるようです。ヒトのお腹の内臓脂肪に似ているでしょうか。

珠芽は側球とほぼ同じ内容成分なので、側球の肥大と競合するとしてトウ摘みする例も多くみられますが、珠芽は側球より遅れて発生しているため、茎葉が十分大きくなっている場合には、トウ摘みを急ぐ必要はありません。むしろ、肥料過多の場合などにはあえてトウを残して、植物体内の養分を分散させたほうがよいと考えられます（p24）。

収穫期と成熟期は少し違う

貯蔵葉への栄養の転流が始まると、下位葉の葉身の先から枯れてきます。そして側球は肥大しながら夏季休眠に入っていきます。植物としての成熟を考えると、「葉の栄養がすべて転流し保護葉は残っている」のが最高の栄養状態（成熟期）かもしれません。しかし、そこまで待って収穫すると、外皮の老化が進行するとともに、側球が肥大し過ぎて中心側がふくらんで反り返り、バラバラになってしまいます（一種の「球割《たまわ》れ」）。そこで、収穫期は植物上の成熟期より少し早い時期に設定されます。

収穫調製後の商品としては、側球の外側に3枚程度（最低でも2枚）の葉（外皮）が残っているのが上物です。これは、多少こすれても中の側球が露出しないようにするためです。外皮と保護葉は害虫の侵入を防ぐ機能があります。収穫作業は、生葉数が6～8枚残っている頃がよいようです（収穫期の姿は次ページ参照）。

＊

以上、ニンニクの生き方について、少しイメージがふくらんだでしょうか？　私は、ニンニクの生長点を初めて見た時、その透明さと表面の細胞が一個一個整然と並んでいるようすに、とても感動しました。その後も、見るたびにいちいち「きれいだなあ」と思います（笑）。ここから、ニンニクの体のすべてが始まるんです。生き物って本当にすごいですよね。

（元青森県産業技術センター野菜研究所）

図４　収穫期頃の植物体（模式図）と、収穫・乾燥・調製の流れ

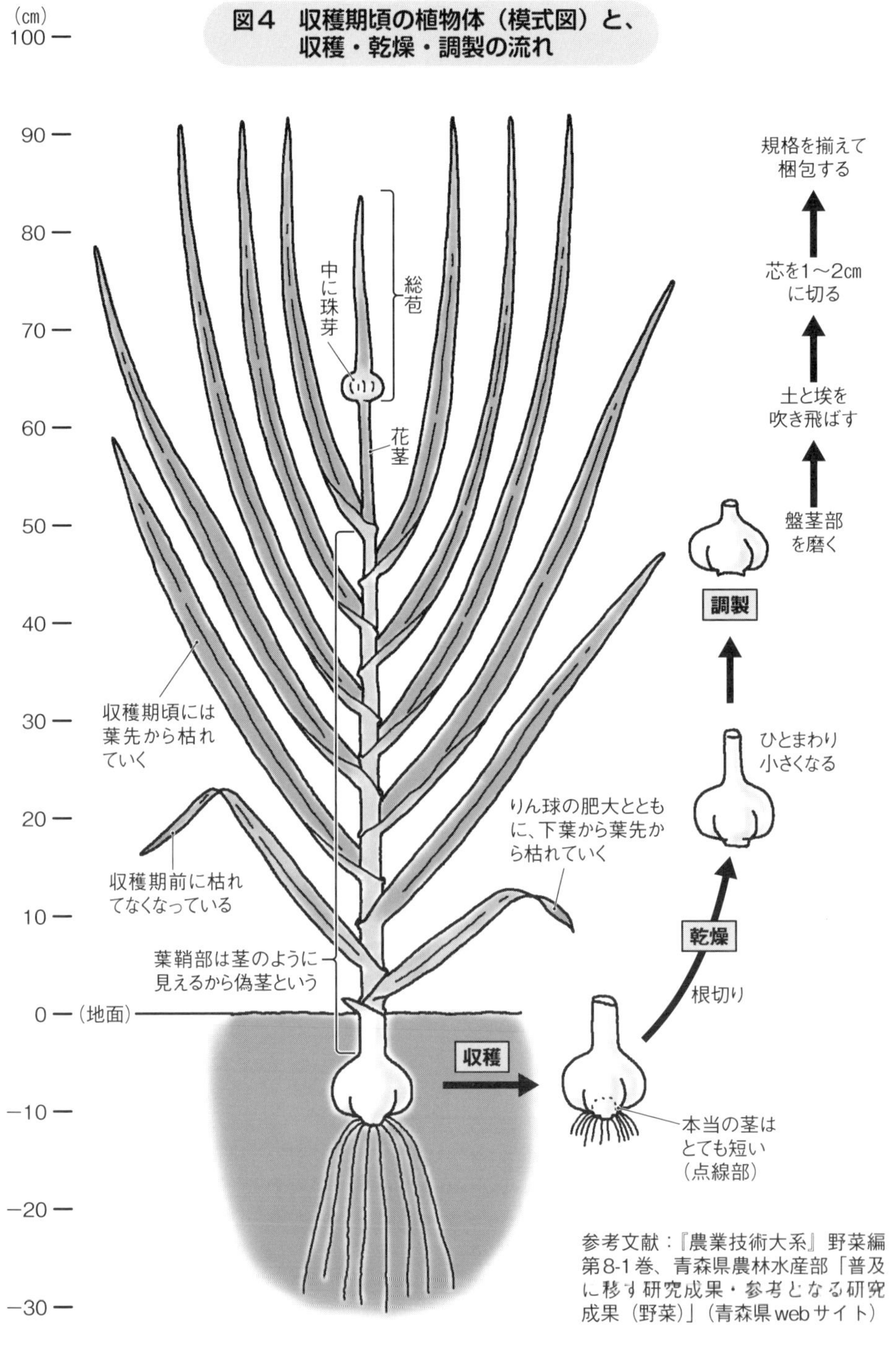

参考文献：『農業技術大系』野菜編第8-1巻、青森県農林水産部「普及に移す研究成果・参考となる研究成果（野菜）」（青森県webサイト）

ニンニクのうまい話 1

ジャンボニンニクも栽培がラクで、球も芽もうまい

熊本・吉田謙治

エレファントガーリックはニンニクよりもリーキに近く、においも少なめ。大玉は500ｇ近くになる。ちなみに収量は10ａ当たり３ｔほど

級友からタネをもらったことがきっかけで、ジャンボニンニク栽培を始めました。品種はエレファントガーリック。１球の大きさがソフトボールくらいあります。

18ａの畑に、元肥に鶏糞を反当８００㎏、化成肥料（10―28―12）を５袋（１袋20㎏）入れ、タバコ用の高ウネマルチ機でベッドを作り、10月半ばに植え付けました。二条植えの株間20〜25㎝。10ａ当たり７０００株ほどです。あとは、草とり以外は６月の収穫までほとんど待つだけ。虫害はほとんどなく、防除もしていません。

収穫した球は、普通のニンニクよりニオイを気にせずに使えます。いつもの料理に加えるほか、すりおろして肉に漬け込むと柔らかくなり味がまろやかになります。また、ラップで包んでレンジで２分加熱すると、ジャガイモみたいにホクホクした食感でお酒の肴に最高です。

また、ジャンボニンニクは12月頭から花芽（いわゆるニンニクの芽）が出ます。花芽の摘み取りも必要ですが、摘んだ芽は野菜や肉と一緒に炒めると、とてもおいしいので作業も苦になりません。

球をバラして、スーパーでカケラ２片を１５０円、５片を３００円で販売したところ、もの珍しさからかあっという間に完売しました。

ニンニクの主な品種

ニンニクのプロフィール

分類：ヒガンバナ科ネギ属

原産地：中央アジア。そこから世界中に広まった。紀元前2600年頃、エジプトのピラミッド建設のために働いていた人たちは、栽培されたニンニクを食べていたといわれている。

香り・栄養成分など：注目すべきは、ニンニクを傷つけると発生する香り成分のアリシン。強い殺菌作用のほか、ガンや血栓を予防する効果があり、体内でビタミンB_1と結合するとスタミナ回復に効果を発揮する。ニンニクを傷つけずに加熱すれば、アリシンのもとになるアリインがそのまま保たれる。これを食べると糖質・脂質代謝が促進される。

食べ方・利用法：オリーブオイルで炒めて香りづけをしたり、生のまままスライスしてカツオのたたきに添えたり、しょうゆ漬けにしたり、さまざまな使い方がある。熟成させて黒ニンニクにするのも人気がある。

写真の品種のほかに、寒地型では「北海道在来」「富良野」「岩木」「八幡平」「ホワイト山形」など、暖地型では「壱州早生」「佐賀在来」「高知在来」、低緯度型では「大島在来」「鹿児島在来」などがある。

とれる時期

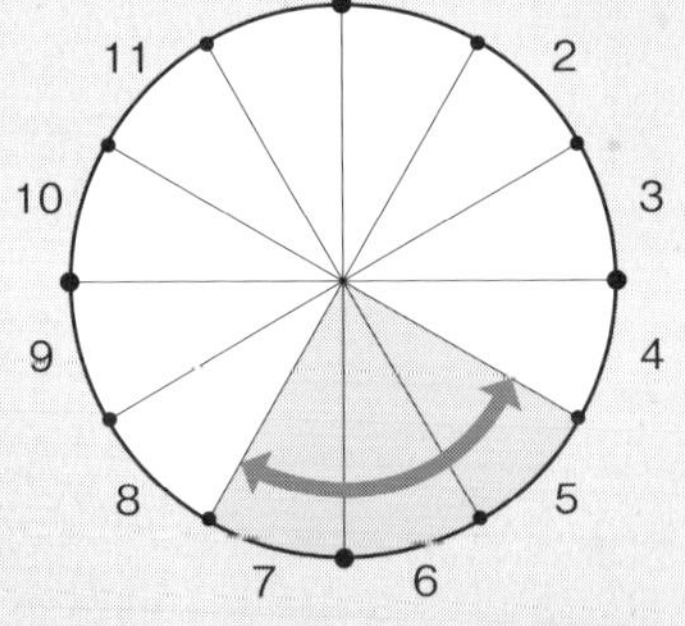

休眠が浅い暖地型品種を低温処理して植えると4月からとれる（47ページ）

遠州極早生

早生の低緯度型品種で、1月下旬からトンネルやビニールマルチをして3月下旬～4月に収穫するトンネル栽培が可能。また、葉ニンニクやニンニクの芽としても栽培できる（写真提供：石橋種苗園）

上海早生

九州や四国で主に栽培されている暖地型品種。もともと中国の上海で栽培されていた品種で、粒が小さいのが特徴

八木にんにく

秋田県横手市増田町八木地区特産。寒地型品種。外皮が褐色がかっており、大玉で甘みがある

ホワイト六片（福地ホワイト）

ニンニクの代表的品種（寒地型品種）。最大の産地である青森県で生まれた。真っ白な皮で見栄えがよく、香りが濃厚。春にトウ立ちしにくい品種（不完全抽台）なので、ニンニクの芽はとれない（竹内孝功撮影）

島ニンニク

島ニンニク（フタバ種苗）は沖縄早生と呼ばれる低緯度型品種。香りが強いのが特徴。葉ニンニクとしても利用できる

農家おすすめのニンニク品種

香りマイルドな大粒ニンニク「アリオーネ」

新潟・中山修一

市場やレストランを営業回り

新潟市内でイタリア野菜を三十数年前からつくっています。兼業農家時代、イタリアンやフレンチのシェフと話をしていると「ワインやチーズ、ハムなどは入って来るが生鮮野菜はない。代わりの野菜を使うと本当の姿から離れてしまう」とボヤいていたので「オレがつくるよ」と言いました。

しかし、当時はタネを入手するのにひと苦労。そしてアーティチョーク、フェンネルなどの野菜がうまくできても、まったく売れませんでした。そこで、名刺を作って築地の問屋さんを一軒一軒回り、脈のあるところにサンプルを送って営業しました。新潟市内のレストランも夜に回って営業しました。

売れない中でも、カトリック教会のイタリア人神父様が「よくできている。懐かしい」と喜んでくれたのを心

筆者（67歳）。イタリアの農家を訪ねる旅のベネチアにて

の支えにしてつくり続け、ようやく15年ほど前から、売れるようになりました。現在は、新潟県内外のレストラン、市内の直売所や百貨店、東京豊洲市場内の八百屋などで販売しています。

トスカーナ地方の大粒ニンニク

ニンニクの原産地は中近東の山岳地帯といわれます。地中海地方では史前から食用にされていて、たくさんの品種があります。

「アリオーネ」はトスカーナの農村で食べられている大粒ニンニクです。香りがマイルドで旨みが強く、「アーリオ・オーリオ」というパスタ料理に使われたりします。ニンニクの香りをオリーブオイルに移して、その香りで食べるパスタです。

アリオーネがトウ立ちし、花芽が出たところ。切りとってニンニクの芽として販売し、約1カ月後に掘り上げる

一般的にはスライスしたニンニクを油で香りづけしますが、アリオーネで作る場合、みじん切りにしてオリーブオイルでゆっくり加熱するととろっとクリーム状になるので、それをパスタにからめて食べます。その他、アリオーネをローストして、トスカーナ名物のキアナ牛のTボーンステーキの付け合わせにしたりします。

栽培法は日本のニンニクと同じです。

ハウスで乾燥中のアリオーネ

イタリア食文化と一緒に売る

これまで、イタリアの農家を2回訪れ、いろいろ教えてもらってきました。野菜のほとんどは地中海やアフリカ地方原産なので市場でもスーパーでも、いろいろな地方品種が出回っています。農家に聞くと「ここから半径5km以内にしかないよ」という野菜がたくさんあります。

忘れてはならないのは、イタリア野菜は各地の料理法や食べ方と密接にかかわっている点です。イタリア野菜を売るには、イタリアの食文化とともに紹介する、あるいは現地の食を知っているシェフを相手にするのが賢明です。

料理雑誌に出ていた以前の統計ですが、長期短期合わせて年間2万人の若者がイタリアに料理留学し、年間8000人がイタリア料理の勉強をしながらリストランテで働いているそうです。彼らが帰国するたびに、私たちイタリア野菜を栽培する農家のパートナーが増えていると考えたいものです。若い料理人がイタリアのロコ（ローカル）な料理を学んで帰ってくれれば、それに合わせてロコな野菜も売れるようになるのだと思います。

（新潟市）

強烈に辛くてうまい竹やぶで復活した「ハリマ王」ニンニク

兵庫・山根成人

味に強烈な個性がある「ハリマ王」ニンニク

こんな臭くて辛いニンニク初めて

北本恵一さんと初めて会った時、彼はニンニク農家だと言った。それまで兵庫県内でニンニク農家なんて聞いたことがなかったので、翌日すぐ加西市東剣坂の畑に行くと、確かに収穫時期になったニンニクが栽培されていた。少しいただいて、その夜、行きつけの料理店に持ち込んでカツオのタタキを頼んだ。料理人の谷勝さんが「こんな臭いニンニク初めてやなあ、それに辛いですゎ」と言う。食べてみると、なるほど辛くて臭い。独特の個性であった。

数日後「えらい個性的なニンニクやなあ、あれ名前は何かあるの?」と北本さんに聞くと、名前なんか考えたこともないと言う。「そんならワシの提案やけど播磨の一番個性的なニンニクということで、ハリマキングはどうやろ」と言うと「それやったらハリマ王がよろしおまっせ」と北本さん。「最初ワシもそう考えたけど、漫画の真似やと言われそうでな」「いや、横文字より日本語のほうがよろしいわ」「育て主のアンタが言うんならそうしましょか」ということで「ハリマ王」の名がついた。2004年5月のことだった。

竹やぶで復活してブレイク

このニンニクづくりは1928年頃、経済恐慌などもあり北本さんの祖父が現金収入のために役場の人の提案から始まった。が、戦前戦後の混乱や食糧難などで、ニンニク畑は放棄されて竹やぶになっていった。

1955年頃、加西市中野に開店した焼肉屋「さわなか」の店主が、秘伝のタレに合うニンニクを探す中で北本さんの父の仲間に相談。竹やぶ横の畑に行くと、見捨てられたはずのニンニ

「ハリマ王」ニンニク畑の前で。故・北本恵一さん（右）と筆者（ひょうごの在来種保存会会長）

クが20年以上もの間、自生して生き残っていたのだ。細くて小さかった苗を選抜しながら普通の大きさにして180kgくらい収穫できるようになった。7割を焼肉店に、3割をタネ用として残した。この時、北本さんも畑を手伝った。

ハリマ王を使った秘伝のタレは評判を呼び、以来約半世紀、北本さんは親子でニンニクをつくってきた。

在来種なので安定はしないが…

「ハリマ王」はホワイト六片が元だと聞いた気もするが、まったく根拠はない。色や片数もまちまちになり、いろんな遺伝子が出てくるのも事実だ。そんな中で選抜を繰り返しているが、なかなか思うとおりにはいかないのが在来作物でもある。

北本さんは植え付けを9月23日としている。寒くなるまでにしっかり根を張らせるためだ。モミガラやくん炭を5cmほど敷き詰め、1月に鶏糞、2月にカキ殻を投入。4月末にニンニクの芽を摘む。最近は小学生が給食にと摘みに来る。5月末から6月にかけて青いまま収穫し、1カ月以上陰干ししてから出荷する。

直売所や焼肉屋に出荷

出荷先は近くのJA直売所「愛彩館」と焼肉屋「さわなか」。愛彩館は一般消費者向けなので形の整ったもの。焼肉屋は皮をむいて出すから形は問題ない。神戸の居酒屋さん、焼肉屋さん、餃子屋さんなどからも注文がある。また最近は、有機農業の仲間たちからの種ニンニクの要望もよくある。1kg2500円から3000円でお分けしている。県内ではけっこうな広がりを見せている。

北本さんは2014年に亡くなられたが、このニンニクのおかげでさまざま交流があり、復活した畑には若者たちが看板まで制作した。「ハリマ王」との充実した人生だった。

（兵庫県姫路市）

※「ハリマ王」は北本奇世司氏により商標登録された野菜です。

病気に強い在来ニンニク「フレノチウ」

北海道・斎藤 昭

筆者が育てている北海道の在来品種「フレノチウ」。外皮の色が特徴

スーパーで買って自家採種

教員として32年間勤務したあと、北海道白老町の自給菜園でさまざまな野菜を育てる農的生活を楽しんでいます。

農的生活を始めた頃からつくっている野菜の一つがニンニクでした。最初に育て始めた品種は、寒地型のホワイト六片と中国からの輸入品種の2種類。

ホワイト六片は中国の品種よりも大ぶりで、鱗片は大きく形が揃っていました。スーパーマーケットで購入したニンニクを植え付けてみましたが、立派なニンニクができました。それ以来、毎年自家採種で育てています。

中国の品種も同様にスーパーマーケットで購入したニンニクを植え付けてみました。一度は収穫できましたが、その一部を翌年さらに植え付けてみたら、全部腐ってしまい、1個も収穫できませんでした。

在来品種との出会い

以前、私が講師を務める白老有機農業塾の塾生が、外皮が褐色のニンニクを栽培しました。見た目は悪く、評判もよくはありませんでした。その後、この品種は話題にもならず年数が経っていきました。しかし、ある年に北海道の生産事情や食材、栄養成分などを学ぶフードマイスターの講習会に参加した際、北海道在来のニンニク品種があることを知りました。塾生がつくっていたのはどうもこの品種だったのではないかと気づきました。

さらにこの講習会で、ニンニクには次のような特徴や機能性があることも学びました。

①ガン抑制作用が期待される食品のトップにある野菜の一つ。
②血栓溶解機能が期待される硫化アリル類を含む。
③カリウム530mg、リン150mg、

マグネシウム25㎎など多くの無機質を含む。

④食物繊維も5・7g含む。

この講習会をきっかけに、北海道の在来品種を栽培しようと決めました。

さっそく調べてみると、私が生まれた江別市の実家で、弟が親から引き継いでつくり続けてきたニンニクがあり、まさにそれが探していた北海道の在来品種でした。

モザイク病に強い「赤い星」

在来品種の特徴は外皮の色で、収穫したてはピンク色ですが、乾燥するにつれて褐色へと変わります。この品種をピンクと呼んでいる人もいますが、私は「フレノチウ」と名づけました。アイヌ語で「赤い星」という意味です。

実際につくってみると育ちもよく、ホワイト六片に比べてモザイク病に強いという特徴もわかってきました。今年もホワイト六片は多少モザイク病が発生しましたが、在来品種は1株もありませんでした。

ただし、鱗片が小さく、二つ以上が同じ皮に包まれて一つの鱗片のように見えるものが多い。植え付けると複数の芽が出て玉が大きく育たないので、手で抜いて1本にする必要があります。

ポイントは凍害対策と芽の管理

以下、私のニンニク栽培のやり方とポイントです。

▼植え付け

①事前に、元肥として自家製堆肥、酸度調整として木灰を畑に入れておく。

②後で雑草をとりやすいように、ウネ幅50㎝、株間30㎝と広めにとる。

③白老町で育てる場合は8月下旬〜9月中旬に植え付ける。

④タネにする玉はできるだけ大きいものを選ぶ。中身がスカスカした玉はウイルスに冒されているので避ける。

⑤鱗片のとがったほうを上にすると発芽が揃いやすい。

▼堆肥の施用

凍害対策と追肥を兼ねて、雪が降る前までに豚糞堆肥を厚さ5㎝ほどウネ全体にかける。春の追肥はしない。

▼萌芽した芽やトウ立ち芽の管理

①10月初旬に発芽。発芽後、1カ所から2芽以上出ている株があったら1芽を残して手でかき取る。

②春を過ぎてトウ立ちが始まり、ニンニクの芽が20㎝ほど伸びたらハサミで切り取る。芽の出方は一律でないが、1本も取り残すことがないようにする。

③切り取った後、再び茎が出てくることがあるが、それも切り取る。これを徹底することで玉の肥大が促進される。

▼収穫

①収穫は7月中旬に行なう。

②収穫後は乾燥させ、一部を翌年のタネとして利用する。

③収穫時期が遅いと玉が割れることが多い。原因は多肥ではなく、完熟ではないかと考えている。実際、農業塾の塾生で7月初旬、茎が青いうちに収穫する人は割れがまったく出ていない。

◇

ガン抑制作用を期待しながら、家族や友人みんなで日々ニンニクを食べ続けていますが、今のところ皆元気です。北海道の在来品種のよさを伝えて、育ててくれる仲間を増やしていきたいです。

（北海道白老町）

スタミナ満点　葉ニンニク「ハーリック」

神奈川・諸星一雄

収穫を迎えた「ハーリック」。葉を食べる葉ニンニク専用品種で、球が大きく育つことはない

地域の葉ニンニク農家は現在13名。前列右から3番目が筆者

定年退職後、農業に従事。１haの畑で野菜と果樹を少量多品目栽培し、地域の直売所に出荷しています。周囲が山で囲まれた地域で、イノシシなどの獣害が課題でした。そこで、獣害が少ない作物として葉ニンニクをつくるようになりました。

　品種は葉ニンニク専用品種の「ハーリック」（八江農芸）です。収穫までの期間が約３カ月と短く、年末から３月頃までの青物が少ない時期に出荷できます。球ニンニクのような乾燥作業も必要ないので収穫後もラク。

　ニンニクといえば栄養満点のスタミナ野菜で、アメリカの調査でもっともガンの予防効果がある作物とされています。葉ニンニクもニンニク特有の香りがあり、野菜と一緒に塩コショウで炒めると、スタミナのわく、おいしい野菜炒めができます。香りは球ニンニクよりマイルドなので、毎日利用しやすく、若い女性にも好評です。

　ＪＡの地域振興作物に指定され、葉ニンニク入りの餃子やチヂミが開発されるなど、葉ニンニクづくりが地域でますます盛り上がっています。

（神奈川県秦野市）

第2章

ニンニクをつくる
農家の栽培術

早どり・遅どりしたい

植え付け前の種球を冷蔵庫へ

早どりニンニク栽培

佐賀・杉 忠勝

昭和30年代、当時の呼子《よぶこ》農協が、ニンニクの種球を冷蔵処理する早どり栽培を生産者に指導していた。ほとんどの生産者が栽培していたが、その後、ほとんどの方がやめていった。

早どりでない普通ニンニクは今もニンニク部会で栽培されている。私も7aほど作付けている。それに、かつて農協に勤めていて早出し栽培を知っていた私は、冷蔵庫に約2カ月入れたニンニクの植え付けを2012年から始めた。産直（直売所）に早く出すのを狙ってのことだ。

昨年は3aほど作付けた。その作業日程は図のとおり。

収穫したニンニクはJAからつの直売所・唐津うまかもん市場で販売。「新ニンニク」と書いて売る。この春に収穫した早どりニンニクは、気候変

早どりニンニクの作業日程（2022～23年）　品種：嘉定種、作付面積：3a

7月15日	ニンニクの球をバラに割り、網目の袋に入れて家庭用冷蔵庫へ。10kgと8kgの2袋に分けた ニンニクを植える畑には堆肥150kgと苦土石灰40kgと元肥の化成肥料（N13－P16－K16）15kgを散布し、トラクタで耕耘
9月28日	畑に黒マルチを張る。タマネギ用の4穴付きのものを使用
30日	冷蔵庫より種球を取り出して植え付け（「普通」より1カ月近く早い）
10月2日	雨が降らなかったのでかん水
25日	1回目の追肥（N14－P5－K14）10kg
11月27日	1回目の病気消毒、ダコニール乳剤1000倍
1月8日	2回目の追肥（N14－P5－K14）10kg
9日	2回目の病気消毒、ダコニール乳剤1000倍
3月28日	収穫1回目
31日	収穫2回目
4月4日	収穫3回目

動の影響か球が小さく、割れ球が多かった。価格は1袋300g（6～7球）280～300円ほどだ。

普通どりが3球で300gにもなるのに比べると小さいし、実の入り方（球の充実）も劣るが、早く出荷できるので今後も続けていきたいです。

（佐賀県唐津市）

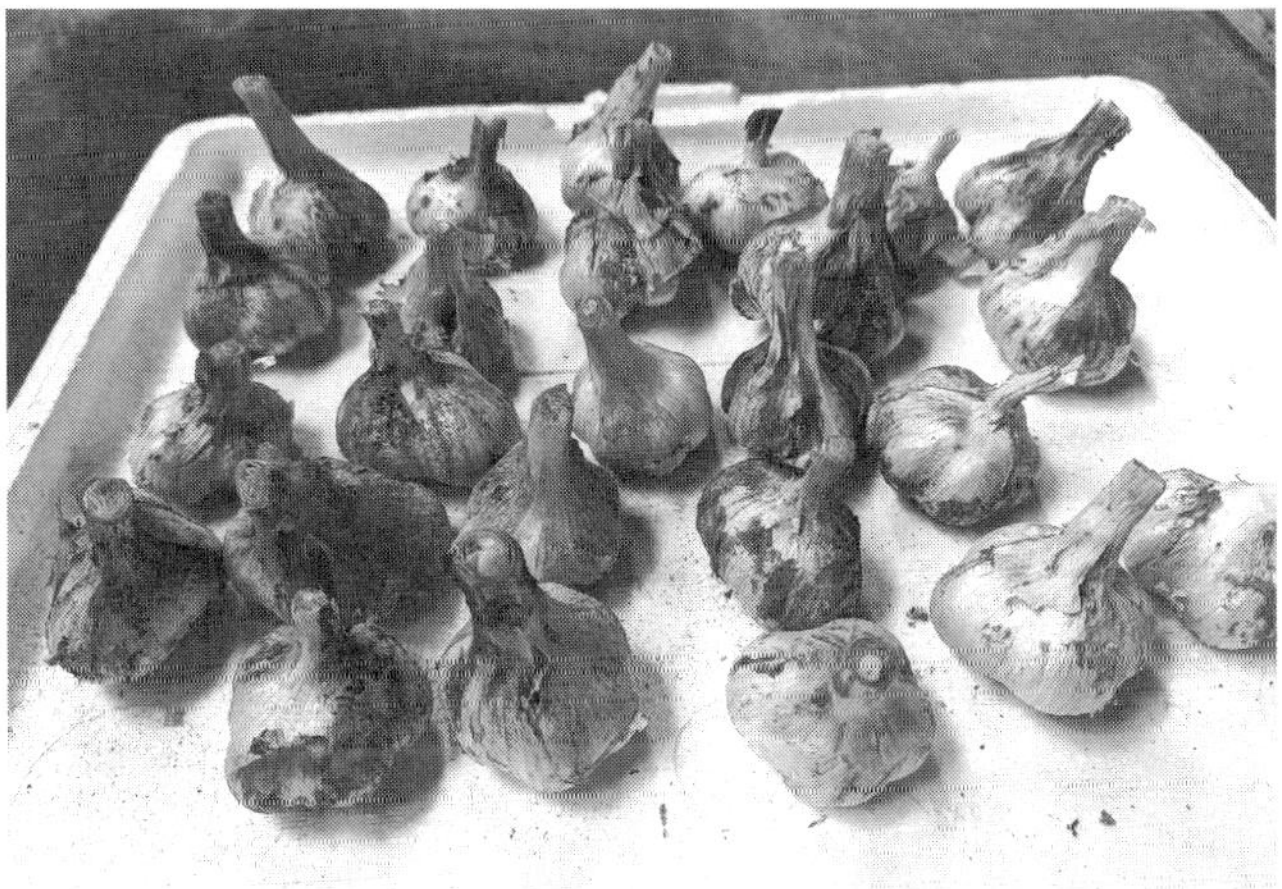

収穫した早どりニンニク

低温処理で休眠打破

暖地型品種「平戸」でニンニクの早どり

高田敦之

4月どりした新ニンニク。品種は「平戸」

6月出しだと売れ残ってしまう

神奈川県三浦半島でのニンニクの標準的な作型は、10月中旬植え付け、5月中旬収穫である。収穫後は半月～1カ月乾燥させるため、出荷は6月以降になる。直売所での地場産ニンニクの人気は高いものの、同時期に出荷が重なると売れ残ってしまうため、作期拡大が求められていた。

そこで、4月に収穫して、生のまま新ニンニクとして出荷する早どり栽培について検討した。

暖地型品種を低温処理して4月出し

ニンニクの鱗茎は、収穫後の高温期

ニンニク品種「平戸」の植え付け時期および種球低温処理が及ぼす影響

試験区		収穫日	生球重（g）	乾燥後の収穫物の諸特性[2]				
処理[1]	植え付け日			球重（g）	球径（cm）	球高（cm）	裂球（%）	鱗片数
低温	9月25日	4月 8日	112	43	5.3	3.2	25	8.8
無処理	9月25日	4月24日	128	53	5.4	3.4	0	9.6
低温	10月15日	4月 8日	88	32	4.8	2.8	20	9.6
無処理	10月15日	5月13日	－	102	7.2	4.8	67	10.5

・2008年試験
・1）種球を5度で1カ月貯蔵。2）収穫後約1カ月間、自然乾燥後に計測。「－」はデータなし
・低温処理し、かつ植え付けを早めたら、4月上旬により大きなニンニクがとれた

は休眠しており、自然状態で休眠がさめるのは9月上旬頃になる。ただし、休眠期間には品種間差があり、青森の代表的品種・福地ホワイト六片などの寒地型品種は長く、暖地型品種は短いことが知られている。

また、ニンニクの花茎および鱗片の分化には低温が必要で、この低温要求量は品種により差があり、寒地型品種は多く、暖地型品種は少ない。より早く休眠打破させ、さらに鱗片分化を早めることで収穫期を前進化させるため、暖地型品種・平戸（八江農芸）を用いて、種球を1カ月間5度で低温処理してから植え付ける試験を行なった。

表のとおり、標準的な10月15日植え付けの収穫が翌年5月13日であったのに対し、低温処理したほうは抽台（トウ立ち）が早まり、4月8日に収穫できた。また、低温処理だけでなく、植え付け時期を9月25日に早めることで、より大きな球を収穫できることがわかった。

冷蔵庫で低温処理できる

各地域によって気象条件や作型の違いがあるが、低温処理と早植えによる早どり効果は得られるであろう。

早どり栽培における留意点として、植え付ける鱗片の大きさによって収穫時の球重は変わること、また、極端に早植えしても出芽してこないことがある。ニンニクの生育適温は15～20度と比較的冷涼な温度を好むため、少なくとも地温が25度以下に下がらないと、低温処理した鱗片であってもすぐには出芽しない。

なお、種球の低温処理は、家庭用冷蔵庫の冷蔵室（3～6度）でも可能なので、冷蔵期間や植え付け時期に留意してお試しいただきたい。

（神奈川県農業技術センター）

種球を低温処理して植え付けたニンニクは、標準的な10月中旬植えの株より1カ月ほど早く抽台が始まった（3月中旬）

チモロニンニクのつくり方

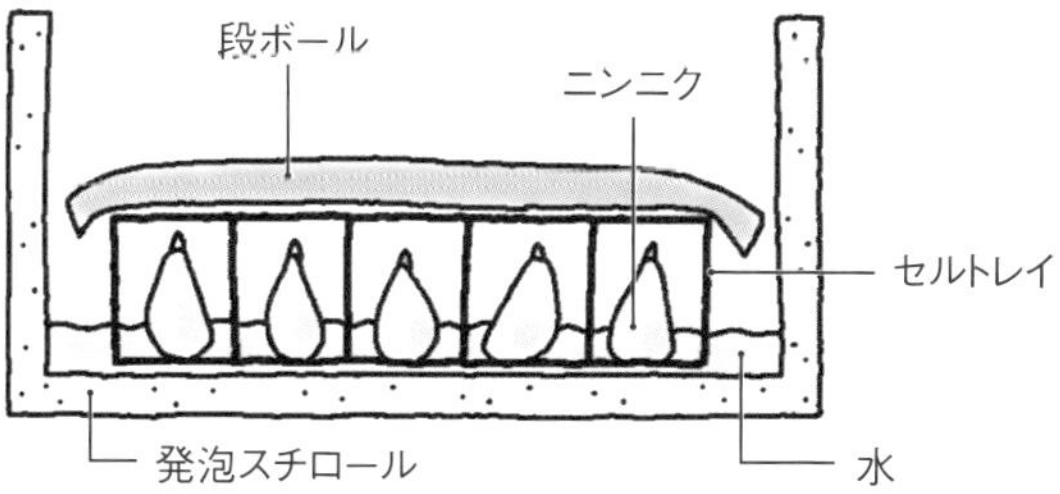

絵のようにして１～２週間で芽と根が出てきたらできあがり

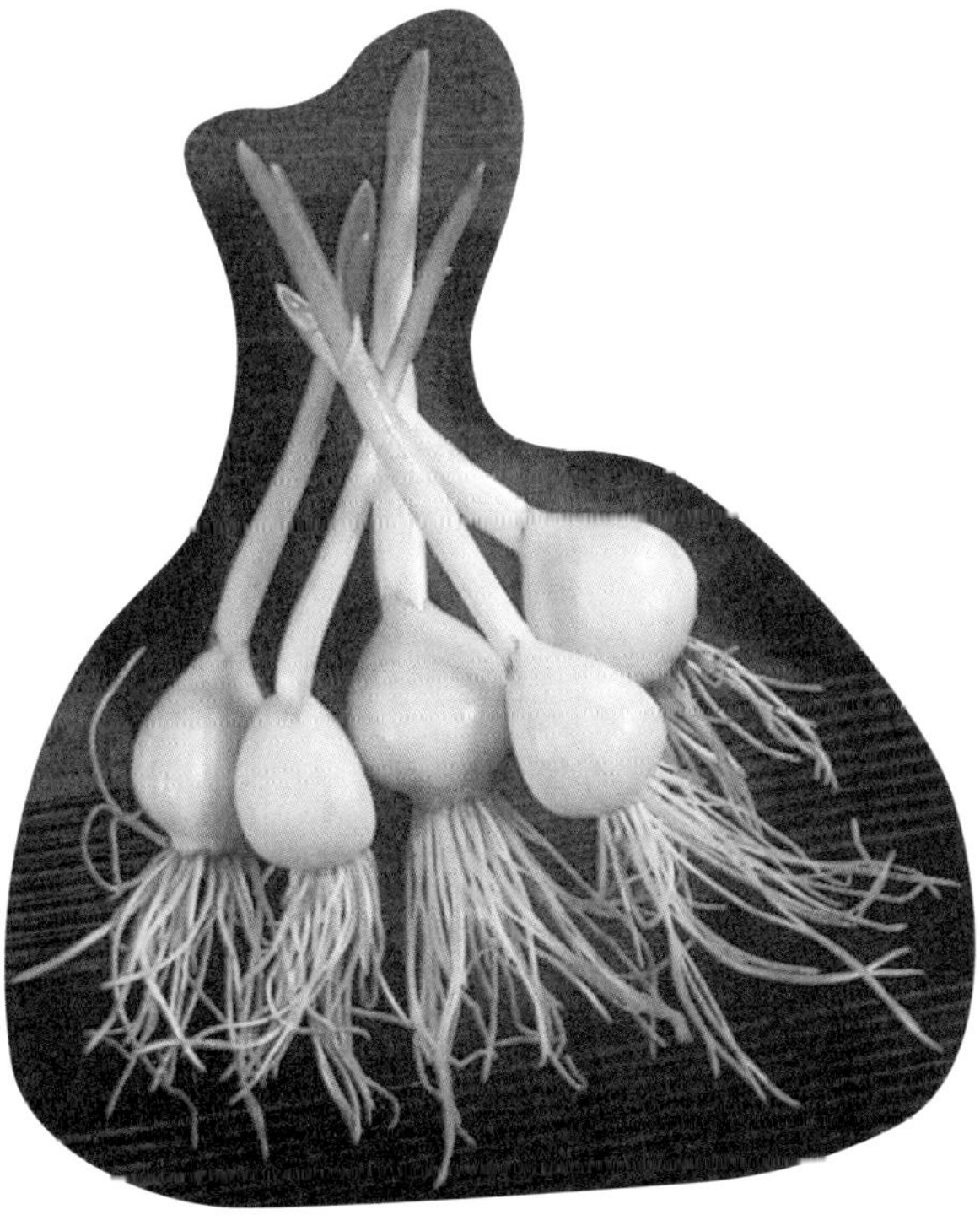

チモロニンニク
（写真は花野仁志さん（p86）のもの）

クズ品利用

ニンニクを芽出しして遅どり

茨城・中茎はつ江

家の近くの1haほどの畑で年間約80種の野菜を育てて、主に直売所に出荷しています。

２０１４年から始めたのがニンニクの遅どりです。いつも6月下旬頃に収穫しますが、球割れしてクズ品になるものがたくさん出ます。これを水耕栽培し、新芽と根を出して季節外れに売るのです。チモロニンニクといいます。天ぷらにするとおいしく、根はショリショリ、身はホクホク、芽はサクサク、と3つの楽しみがあります。

私は育苗ハウスの一角で、自分なりに工夫してつくっています。

まず、72穴のセルトレイにニンニクを1片ずつ入れ、トレイを発泡スチロールに入れます。発泡スチロールには、ニンニクの根元だけ浸かるように水を入れます（底から厚さ5㎜程度）。直射日光が当たるとニンニクが青くなるので段ボールや新聞紙でふたをします。そして芽と根が伸びてくるまで、3日に1回程度水を取り換えます。温度にもよりますが、1～2週間でできあがります。私は芽の長さも根の長さも5～7㎝を目安にしています。

遅どりニンニクは10～12月まで販売できます。5～6個を袋詰めにして１５０～１６５円。ポップには「天ぷら、薬味、お鍋、炒めものに利用できます」と書きました。珍しいものなので、最初は天ぷらの試食を出しました。すると、みんな「おいしい、おいしい」と言って買ってくれました。クズ品を使える遅どりニンニクはおもしろいです。

（茨城県常総市）

大玉をたくさんとりたい

モミガラと薄皮むきで大玉がゴロゴロとれた

福島・渡辺れい子

著者（70歳）。7反の畑で野菜を少量多品目つくり、直売所に出荷している（編、以下すべて）

マルチなしでつくる

初めてニンニクをつくったのは、15年くらい前のことです。寒冷地向きと暖地向き、どちらの品種でもつくれる地域ですが、私は味のよい寒冷地向きのホワイト六片をつくっています。

マルチはしません。以前、片方は黒マルチ、もう片方は何もしないで植えたことがあります。4月までは黒マルチをしたほうが生育がよかったのですが、4月の中頃になると暑い日が何日か続いたせいか、黒マルチのほうの生育が悪くなりました。以来、マルチなしで、雑草は3月上旬に除草剤をかけて防いでいます。

モミガラが効いた

私の地域では、ニンニクを早く植えると赤サビ（さび病）になるといわれているので、毎年11月に入ってから植え付けていました。しかし、11月に植えても実際はさび病に悩まされてきました。

ネギをつくる時に、モミガラをウネに入れるとケイ酸が効いてさび病が出なくなると聞いたので、ニンニクでも

さび病はモミガラで防ぐ

ウネに鍬で深さ10cmほどの溝を掘り、鶏糞、モミガラ、苦土石灰の順にまき、その上に鱗片を植え付ける。モミガラは鶏糞が見えなくなるくらいたっぷりかける。土寄せ時もモミガラを株元にたっぷりまいて土をかける。これでさび病が出なくなった

薄皮むきで発芽良好、生育スピードもアップ

玉ごと水に30分ほど浸してからむくのがコツ。薄皮がふやけてむきやすい。爪で傷つけてしまうことも減る

鱗片をバラしたら、薄皮を下から丁寧にむいていく。薄皮むきして植え付けるだけで発芽も生育も早くなる

使えるのではと思い、植え付けと春先の土寄せの際にウネにモミガラをたくさん入れてみました。すると、さび病が出なくなりました。

さび病が出なくなったので、2018年は10月10日に植え付けました。ニンニクは早く植えたほうが大玉になると本に書いてあったからです。

12月と2月には、土のpHをニンニクが好むアルカリ性に近づけるため、消石灰をウネの表面にまき、3月と4月には追肥をし、4月の追肥の時はモミガラをたくさん入れて株元に土寄せもしました。さらに、トウが立つ5月頃に害虫の被害が出るので、土寄せ後にオルトランもかけました。

このやり方でつくったら、早く植えたおかげか生育は順調で、今年の春は大玉がたくさんとれました。

薄皮をむくだけでグングン育つ

ただ、大玉がとれた理由はもう一つあると考えています。3年くらい前、ニンニクの鱗片の薄皮をむいて植えると生育がよくなるという話を本で知り、実際にやってみました。確かに発

芽も生育も早いようでした。

そこで2018年は薄皮をむいたものとむいていないものも少し植え、それぞれ生育を比べてみました。すると冬の間に雨や雪が少なかったので、鱗片の薄皮が自然にふやけにくかったためか、はっきりと差が出ました。

薄皮をむいたほうは3月に背丈が15cmくらいまで育っていました。むかないほうはまだ芽も出ていません。掘って確かめてみると、根は出ていましたが、硬い皮が残っていて芽が外に出られずにいるようでした。その後の生育も薄皮をむいたほうがつねに早く、茎の太りもよく、6月に収穫してみると、乾燥前で180〜200gもある大玉がとれました。

薄皮をむく際は、鱗片を傷つけると病気の原因になるので注意が必要です。そこで、私は30分ほど玉ごと水に浸してから薄皮をむいています。薄皮がふやけて簡単にスルリとむけます。もともと料理が好きで、ニンニクをたくさん使う料理をつくる時に覚えた方法ですが、ニンニクづくりにも役立ちました。

6月に収穫したニンニク。左が薄皮むきで植えたもの。育て方は同じでも、普通に植えるよりずっと大玉ができた

鶏糞を控えて辛味も解決

そのほか、むせてしまうほど辛いニンニクができるという課題も以前からありましたが、これはいろいろ調べたところ、追肥に使っていた鶏糞のやりすぎでチッソ分が多くなり、辛味成分が増えてしまったせいだと考えました。そこで4月の追肥を、鶏糞ではなく農協で売っていたチッソ成分の少ない化成肥料に替えてみたところ、辛味が少なく、甘いニンニクになりました。

ただ、肥料をまく際に、葉の間に入ってしまって、葉が枯れた部分がありました。次回からは必ず根元にまこうと思っています。

そんなこんなで、毎年つくるたびにいろいろ試すことをおもしろく感じながら、野菜をつくり続けています。

（福島県三春町）

ジョウロでシイタケの菌床エキスを散布する筆者。農業高校の教員を退職後、現在は夫婦で3aほどの家庭菜園で20数品目を栽培

シイタケの菌床エキスで生長促進

岐阜・井上文生

ニンニクの発根、生長を促進

ニンニクの栽培は2009年より始めました。自家用に750の種球を植え付け、L玉（直径6cm以上）250球を翌年の種球用として残し、2L玉（同7cm以上）とM玉（同5cm以上）500球ほどを黒ニンニクにして毎日1〜2片を食べています。

2L玉をつくるポイントは、まず1片10g前後の種球を用いること。これをシイタケの菌床エキス（シイタケ菌床ブロック液）に4時間、チューリップサビダニ対策の薬液に2時間浸漬したうえ、黒腐病予防にベンレートT20を粉衣します。植え付けには、条間20cm、株間20cmのホールマルチを使っています。

菌床エキスに浸漬すると、発根を促進し生長が早まります。それを知ったのは、2009年に地域の新品目の試作としてニンニクを栽培するようになった時からです。

当初使ったのはサイトニンという商品の100倍液でした。この商品の説明書に「シイタケ菌糸代謝液」と書かれていたことから、自分で栽培していた菌床シイタケの袋に溜まる液を使うようになりました。この液はサイトニンと色やにおいが似ています。そこで、この菌床エキスとサイトニン、それに水で比較試験をしてみると、菌床エキスとサイトニンに浸漬した種球は、どちらも発根が早く根の伸びもよいことがわかりました。

浸漬は4時間、倍率にはこだわらない

初めの頃は、菌床エキス100倍液に4時間浸漬していました。農業を縮小して自家消費用だけに減らした最近は、倍率にはこだわらず、浸漬時間だけは4時間にしています。これ以上長く浸漬すると、発根が進みすぎて植え付け時に根が傷みます。

シイタケ菌床エキスに浸けたニンニクは水と比べて明らかに根の伸びがよく、量も多い（各液に４時間浸けて１週間後）

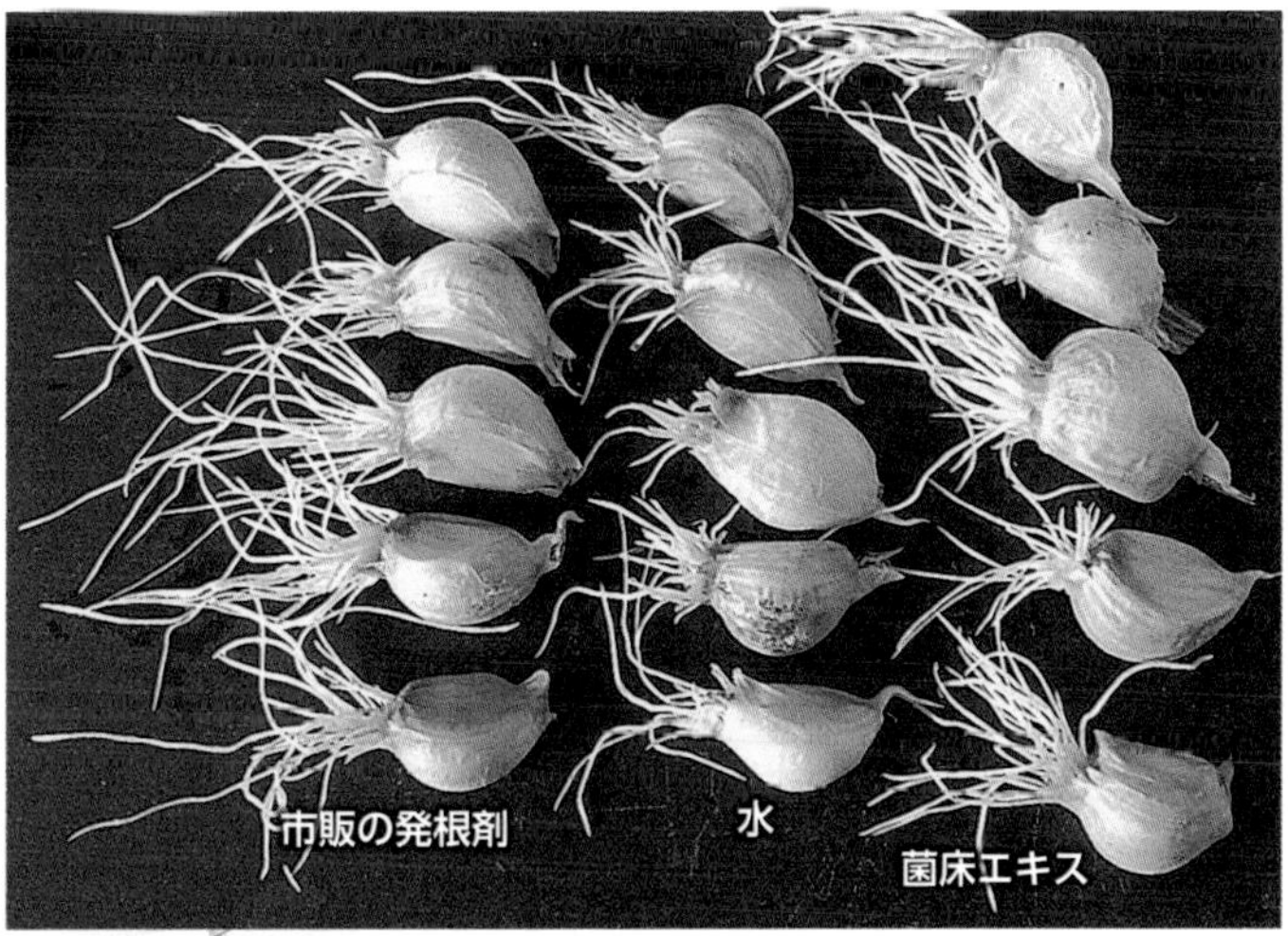

菌床シイタケ。袋の中に溜まった液体が「菌床エキス」。エキスは袋をカットする時に採取する

シイタケの菌床エキス。無味無臭の液体で弱酸性

菌床エキスに浸漬したニンニクの種球は発根が早く、その後の根の生長も旺盛です。茎葉が大きく育つので、その結果、球の肥大が進むようです。

堆肥などを投入して土づくりをしていることもあって、今のところ、目立った病気もありません。

葉面散布にも利用

菌床エキスは葉面散布にも使います。50倍ほど薄めた液に展着剤を加え、秋に1回、春に2～3回、ジョウロを使って散布します。エキスに含まれる各種微量要素の補給と、病気予防に効果があると考えられます。葉面散布しないものと比べて、やはり生育がよくなると感じています。

私はこうした効果を周りの方々に紹介していて、地域のニンニク栽培班（二十数名）では、毎年4回の研修会のうち、秋の植え付け前にはシイタケ菌床エキスによる種球の浸種処理を必ず行なうようにしていました。

地域には菌床シイタケを栽培している農家が多く、菌床エキスは無料で入手できます。

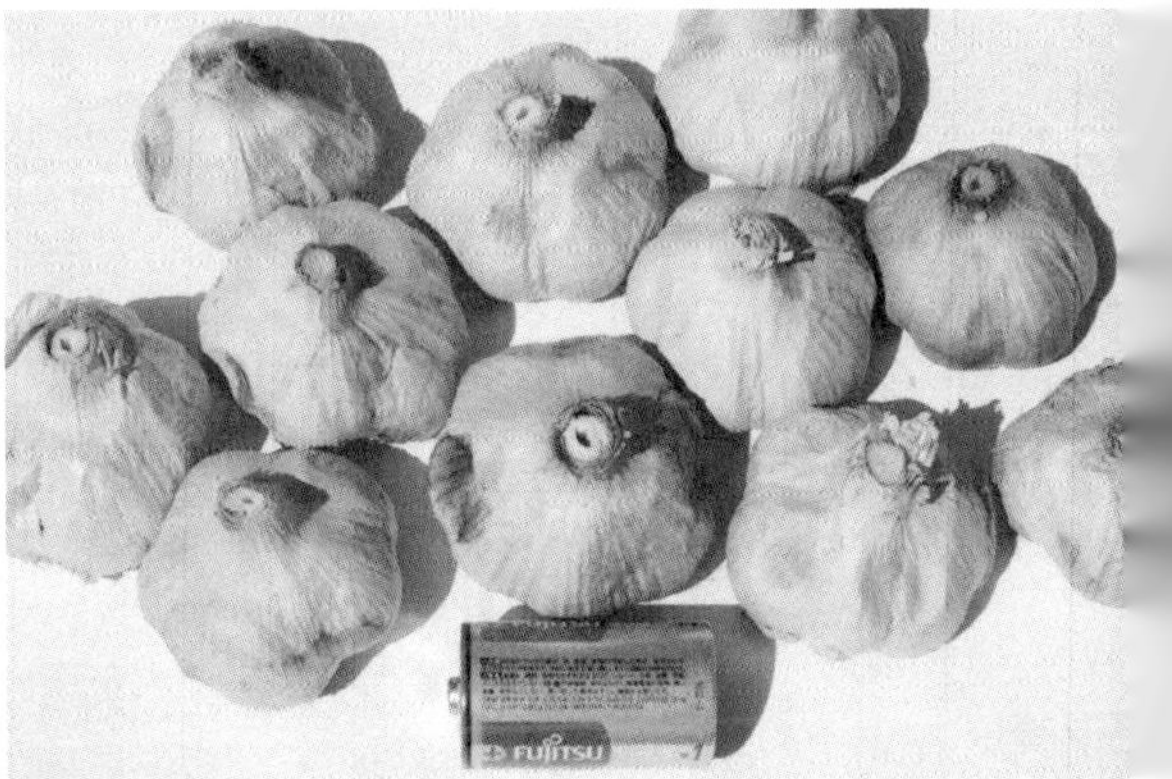

収穫したニンニクは黒ニンニクにして毎日食べる（品種は福地ホワイト）

タマネギやネギにもよく効く

また、タマネギやネギの栽培にも使用しています。

ただし、タマネギやネギはタネが小さいため、浸種して濡れると播種しにくくなります。そこで、播種後に薄めたエキスをかん水し、発芽後のかん水にもエキスを使います。苗の植え付け後にも、活着を早めるため、エキスをかん水します。タマネギは大きく肥大し、ネギは生長が早く、太いものができます。

シイタケ菌床エキスは、原液から1000倍で使用できます。希釈倍率にはこだわらなくてもいいようです。弱酸性の液体なので、ボルドー液などとの混用を避ければ、農薬と混ぜて散布することもできます。

シイタケ菌床エキスには発根を促進する効果がありますから、どんな作物の生育にもよいと考えられます。

（岐阜県高山市）

堆肥の布団で大収穫間違いなし

試行錯誤を繰り返して

熊本・田上和彦

教員として30年以上勤めた後、定年退職を機に、郷里の阿蘇郡西原村で就農しました。葉物や根物などいろいろな作物に挑戦し、失敗を繰り返した末、これならやっていけそうだとたどり着いたのがニンニクづくりです。

とはいえ、ニンニクも当初は失敗だらけでした。1年目はホワイト六片を植えたのですが、寒い地方の品種で暖かい熊本には合わず、小玉しかとれま

筆者（66歳）。初めての農業は失敗も多いが、発見もたくさんあっておもしろい

11月に堆肥の布団

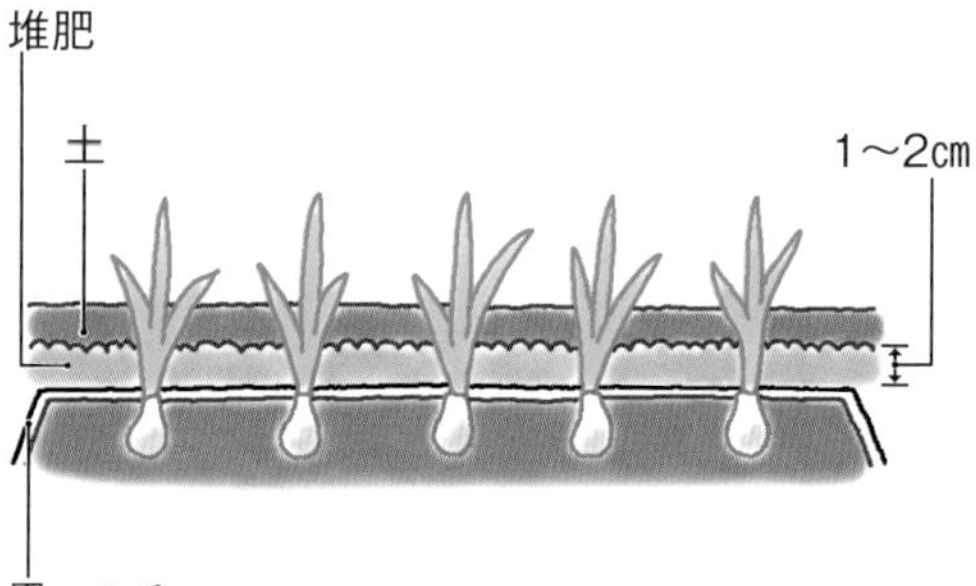

せんでした。2年目以降は、中国系の品種に変えたら大玉がとれました。

春先、ニンニクの芽も販売しようとトウ立ちした株から芽を引き抜いたところ、抜いた穴から玉の中に水が入り、腐ってしまいました。芽の販売はあきらめましたが、残しておくと玉が大きくならないので、その後は芽を折り取るようにしています。

乾燥作業で、直射日光に長く当てすぎて玉が煮えたようになったこともありました。今は遮光したハウスの中にブルーシートと段ボールを敷いて、その上に並べて乾燥させています。

堆肥の布団のきっかけは玉割れ

なかなか解決できずにいたのが、春先になると玉が割れる問題でした。この対策には、長年ニンニクを栽培されている方から聞いた、上から土をかけると防げるという話がヒントになりました。そこから自分なりに工夫して考えついたのが堆肥の布団です。

まず、幅180cmのマルチに5条植え。条間、株間ともに25cmで穴を開けて定植します。

定植後、芽が出て11月下旬になったら、マルチの上から牛糞堆肥を厚さ1〜2cmほどかけます。さらに、その上に管理機で土を飛ばしてかぶせます。これが堆肥の布団です。

堆肥の布団をかけるようになってからは、玉割れがなくなり、大玉が育つようになりました。堆肥の布団によって追肥と保温、保湿の効果が生まれているからだと考えています。その他、大まかな栽培の流れ、大玉収穫につながるポイントは表のとおりです。

◇

堆肥の布団のおかげで、ホワイト六片でも大玉がつくれるようになりました。今は毎年10月上旬に中国系と合わせて1回5aの畑に約1万株定植しています。

今年も乾燥後で120g前後の玉が多くとれました。直売所では100g130円以上で販売。お客さんが大きなニンニクだねと驚きます。今後は黒ニンニクも作っていく予定です。

毎日が楽しく、妻からは「教員時代より生き生きしているよね」と皮肉られています。

（熊本市）

ニンニク栽培の流れとポイント

植え付け（10月上旬）	・タネにする玉はすべて自家採種。大きなものを選んで植える。大きいほど大玉に育つ ・植え付け時期を守る。遅くなると収穫も遅れて梅雨時期と重なってしまう ・植え幅を25cmと広めにする
▼	
追肥（2月上旬）	・2月上旬に鶏糞ペレットあるいはオール14をマルチの穴から薄くまく
▼	
収穫（5月下旬）	・梅雨にかからないうちにすませる

微生物診断で菌力アップ

元肥の堆肥を変えただけで、ニンニクの収量が2割アップ

滋賀・津田宗昭

筆者。8年前から本格的に農業参入し、5年前に法人設立

リサイクル業から農業に進出

滋賀県守山市、野洲市にてプラスチックや鉄のリサイクル業を営んできました。隣接する栗東市にある競走馬のトレーニングセンターから出るウッドチップ（敷料）の処理をJRAから依頼されたのを機に、農業にも進出しました。本業であるリサイクル業を営む㈱津田商店とは別に、5年前から㈱AMJファームを設立。ビニールハウスでのトマト栽培を中心に、露地ではニンニクやサツマイモ、滋賀県の伝統野菜である矢島カブなどを栽培しています。

上から土をつくる発想

ハウスを建てた土地はカチカチの硬い粘土質で、水はけが悪く、作物の育つ土ではありませんでした。和歌山県のバラ農家の指導を受けながら、粘土層はそのままにして「上から土をつくる発想」で有機物を投入していきました。仕事柄、有機物は大量に手に入るので、4000坪のハウス予定地に60tのチップクズと、カキ殻、エビ殻を30tずつ、さらに畑の残土も20tほど投入して作土としました。

ハウスではトマトのほか葉菜類やトウモロコシを組み合わせて年3作栽培していますが、作が終わるごとに、堆肥（敷料チップに米ヌカ、モミガラ、鶏糞、牛糞を配合して2〜3年発酵）を1〜2tほど投入してきました（ハウスの面積は195㎡）。そして、ウネを立てたあと、除草と保温を兼ねて敷料チップを全面にマルチしています。

リン循環活性値が低かった

敷料チップの有効活用を目的に農業を始めたこともあって、有機肥料にこだわった土づくりに取り組んできましたが、土壌の検査といえばpHを調べる程度で、詳細に土壌診断をしたことはありませんでした。

ＪＲＡから１ｔ１円で購入する馬の敷料チップ。厩舎ではこの上にワラを敷いて馬糞がのる。ワラと馬糞はＪＲＡの関連会社で堆肥化。残りの敷料チップのみを集め、1週間程度山積みして切り返したものを引き取る

しかし、２０１６年に守山市役所の農政課が主導する「もりやま食のまちづくりプロジェクト」に参画し、微生物診断のＳＯＦＩＸを知りました。事業の一環でＳＯＦＩＸ分析や施肥設計ができるとのことで、ハウスと露地の分析を行なうこととなりました。

ＳＯＦＩＸによる分析の結果、ハウスの土については1g中の総細菌数が17億個以上もいることが明らかとなりました。6億個以上いれば健全な土と評価されるそうで、その3倍近い菌体がいたわけです。

また、全炭素量、全チッソ量ともに適正値を大きく上回る結果が得られましたが、リン循環活性値（有機態リン酸を無機態に変えて植物に供給する力）に関しては適正値を下回っていました。この原因については土壌にカキ殻やエビ殻を加えていたため、カルシウムなどのミネラルが過剰になっていたことが考えられるようです。

つまり、有機態リン酸を分解する微生物は豊富にいるものの、無機態となって水に溶けたリン酸がカルシウムに吸着され、植物には吸収されにくくなっていた可能性があるのです。結果として、リン循環活性の数値が悪くなったようです。

それでも総合的には「Ａ」評価となり、今後はカキ殻やエビ殻の供給を控えつつ、これまでどおりの有機肥料を投入していれば、健全な土壌環境を維持できることが明らかとなりました。

ニンニク畑に牛糞堆肥で炭素補給

一方、露地畑については微生物数自体は15・6億個と多いものの全炭素量、全チッソ量、リン循環活性が適正値を下回り、「Ｃ」評価となってしまいました。原因としては、サツマイモなどの根もの野菜の圃場では、ハウス栽培のように大量の有機物を投入してこなかったことや、雨水で養分が流出してしまうことが考えられます（敷料チップは露地でもマルチとして使用）。

ＳＯＦＩＸの事務局には、畑の土のほかに普段使っている鶏糞と牛糞堆肥を診断してもらったうえで、「鶏糞２ｔと牛糞堆肥を３ｔ投入するとよい」とのアドバイスを受けました。土壌の全炭素量が基準値を大きく下回っていたため、炭素量の多い牛糞堆肥を積極施肥するというわけです。

隣には鶏糞２ｔのみの対照区（牛糞による炭素補給なし）を作り、両方の圃場に敷料チップをマルチしたうえで、ニンニクの比較栽培を行ないました。生育中はそこまで変化がないように見えたのですが、収穫を迎えた6月、実際に収量を比べてみるとＳＯＦＩＸ実践区は約45ｍのウネ1本で１２０kg、対照区は１００kgと、2割近くも差が出ました。

まだ一作なのでなんともいえませんが、今年度もＳＯＦＩＸ診断を受け、対照区も設けて、引き続き実践をしていきます。

（滋賀県守山市・㈱ＡＭＪファーム）

ニンニク産地一丸で異常球を解決！

部会の販売額が２倍以上に

永井 怜

スポンジ球。中がスカスカなので触るとやわらかい

りん片ができない球が激発

熊本県南部に位置する球磨地域では、ニンニクを露地野菜の主要品目の一つとして位置づけ、現在約70名の生産者が５haを栽培している。当地域では２００９年にニンニク部会を設立して以降、順調に出荷数量が増加していたが、14年に「異常球」が発生し出荷量が大きく減少。中には６〜８割が異常球になって減収した生産者もおり、産地で大きな問題となった。

異常球には、りん片が正常に分化せず中がスカスカになった「スポンジ球」や、りん片が１個しか形成されない「中心球」などがある（図１）。その原因は、温度や日長などが関係しているといわれており、さらに品種によって発生条件が異なることから、栽培地域の気候や品種に合わせた対策が必要となる。

ＪＡくまでは、生産者や農業普及・振興課担当職員とニンニクの異常球発生低減に向けて進めてきた。今回はこの取り組みについて紹介する。

原因究明のためのアンケート

まずは現状を把握するために、18年頃から複数回にわたり生産者へアンケートを実施。品種名や種子冷蔵（有無や温度、日数）、播種日とその畑の異常球の発生割合、堆肥の有無などを調査した。その結果、当地域で栽培されている主要４品種のうち、「山東《さんとう》」を除く「嘉定《かてい》」「大倉《たいそう》」「燐《りん》ぎ」で異常球が多いことが判明した。

生産者からは「収穫しても異常球ば

かりで出荷ができない」「毎年発生する状況であれば作付けを継続できない」「種子経費が高く、異常球が発生すると収益性がない」などの悲痛な叫びが多数寄せられた。

5℃で20日間の冷蔵処理に手ごたえ

通常、ニンニクは低温により花芽分化し、分球して肥大すると正常球になる。しかし、近年の暖冬で低温に十分当たらなくなったため花芽分化せず、異常球になるといわれており、種球を冷蔵処理すると抑制効果があるとの研究報告がある。そのため、18年から関係機関と冷蔵処理試験に取り組んだ。効果が確認できたことから、19年には品種や冷蔵温度（5℃、10℃）と処理期間（20日、30日、40日）を変えてそれぞれ試験区を設置した。

その結果、10℃ではあまり効果が見られず、処理日数を長くするほどりん片から発芽する「二次生長」の割合と球肥大期の裂果が増加。当地域で栽培している「嘉定」「大倉」「燐ぎ」では、5℃で20日間の冷蔵処理で異常球の発生を低減できることが判明した（図2）。また、同年にJA選果施設内に部会として大型冷蔵施設を導入し、生産者の負担なく種球の冷蔵が可能となった。

植え付け適期も見えてきた

20年に、いち早く冷蔵施設を使って冷蔵処理した生産者の追跡調査も兼ね

図1　ニンニクの異常球とは

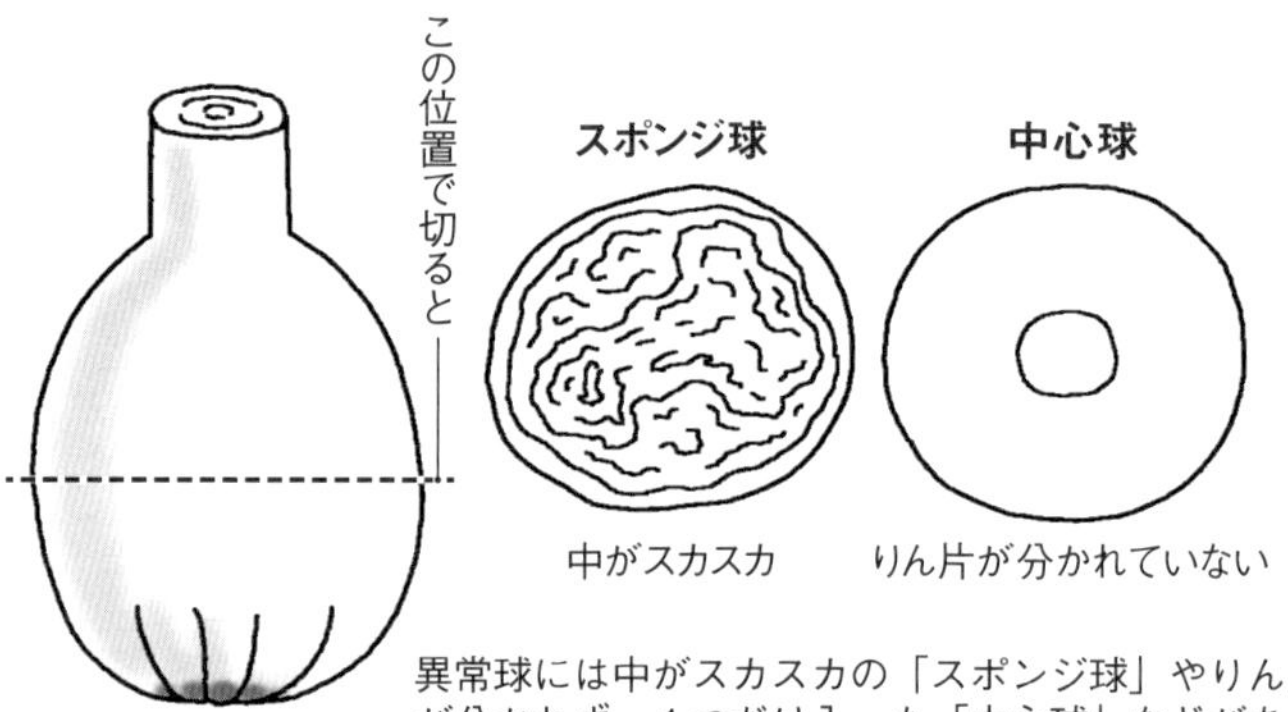

異常球には中がスカスカの「スポンジ球」やりん片が分かれず、1つだけ入った「中心球」などがある

選果場前で栽培講習会を実施

2019年に導入した冷蔵施設。部会員70名5ha分の種ニンニクが入る

て、再びアンケートを実施。この時、全体の収穫物の約30％で異常球が依然発生していた。だがアンケートの結果から、冷蔵処理の有無に加え、植え付け時期も大きく関係していることがわかってきた（図３）。

具体的には、球磨地域では一般的なイネ刈り後の10月中旬植え付けの人は、冷蔵処理により異常球は減少。だが、少し早い９月中旬に植え付けた人

図２　冷蔵処理の期間とスポンジ球の発生率

	無処理	冷蔵処理		
		20日	30日	40日
発生率（％）	45	2	0	0

冷蔵処理をするとスポンジ球などの発生率は激減する。いっぽう処理期間が長いと二次生長を起こしやすい

図３　植え付け時期と冷蔵処理の有無による「異常球」の発生率

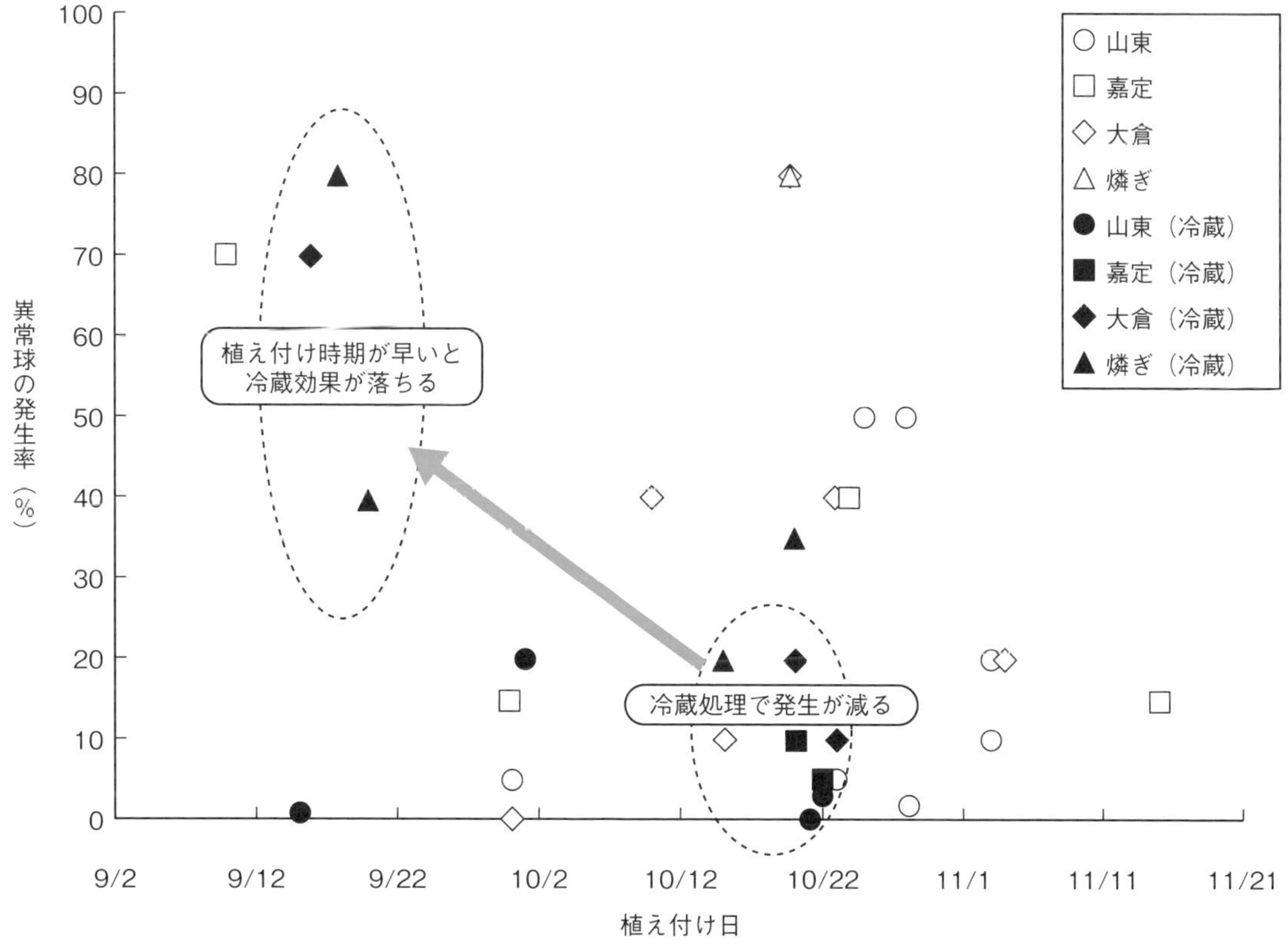

冷蔵処理した品種は黒塗り。10月中旬に冷蔵処理した「燐ぎ」や「大倉」、「嘉定」は異常球の割合が無処理と比べ減った。植え付け時期が早いと、無処理区と同程度の異常球が発生した

は、冷蔵処理したにもかかわらず異常球が多く発生した。つまり、早どりを狙った極端な早植えは、冷蔵処理の効果を落としてしまうため、球磨地域での植え付け時期は10月20日頃が適期であると考えられる。

減肥して2L率アップ

アンケートからは1月頃に追肥する生産者が多く、栽培試験でもチッソ成分が過剰に入っている場合は異常球の発生割合が増えていることがわかった。18年当時の部会の施肥設計も10a当たりのチッソ—リン酸—カリの成分量は24・2—28・2—20・2と熊本県の基準（20—25—20）よりも高く設定されていた。この結果をふまえ、チッソ過多にならないよう元肥のみとする施肥設計にし（22年は20・8—29・6—16・4）、追肥は基本的に行なわないことを生産者へ呼びかけた。

ちなみに私自身もニンニク農家である。異常球は出ていなかったが、個人的に22年の施肥設計からさらにチッソ成分を30%減らした試験を行なった結果、22年は収穫した球の60%以上が3Lだったのに対し、減肥した畑では60%が2Lになった。ニンニクは市場評価としてL〜2L規格の単価が高いため、そのサイズに合った球をつくることが求められる。今後、関係機関と連携しながら、さらによりよい施肥設計を追求したい。

栽培試験中の「燐ぎ」。暖地では珍しい6片種

形のいい2Lがけっこうとれた

種子更新はしたほうがいい

種子代が10a当たり8〜10万円かかることから、部会設立当時は自家採種する生産者も多くいた。しかし、5月に収穫したニンニクを10月中旬の植え付けまで種子として保存することが難しく、その段階で害虫の食害や湿気によるカビの発生など、品質維持についても課題があった。

「山東」と「大倉」の購入種子と自家採種した種子を同じ日に同じ面積植え付けて、生育や収量を調査した結果、水田でも畑地でも自家採種した種子を植え付けたほうが病害や異常球の発生が1・5〜2倍高いことがわかった。

年々種子代も高くなっているが、購入種子のほうが発生リスクを軽減できる

図４　ニンニクの異常球を減らす作型図

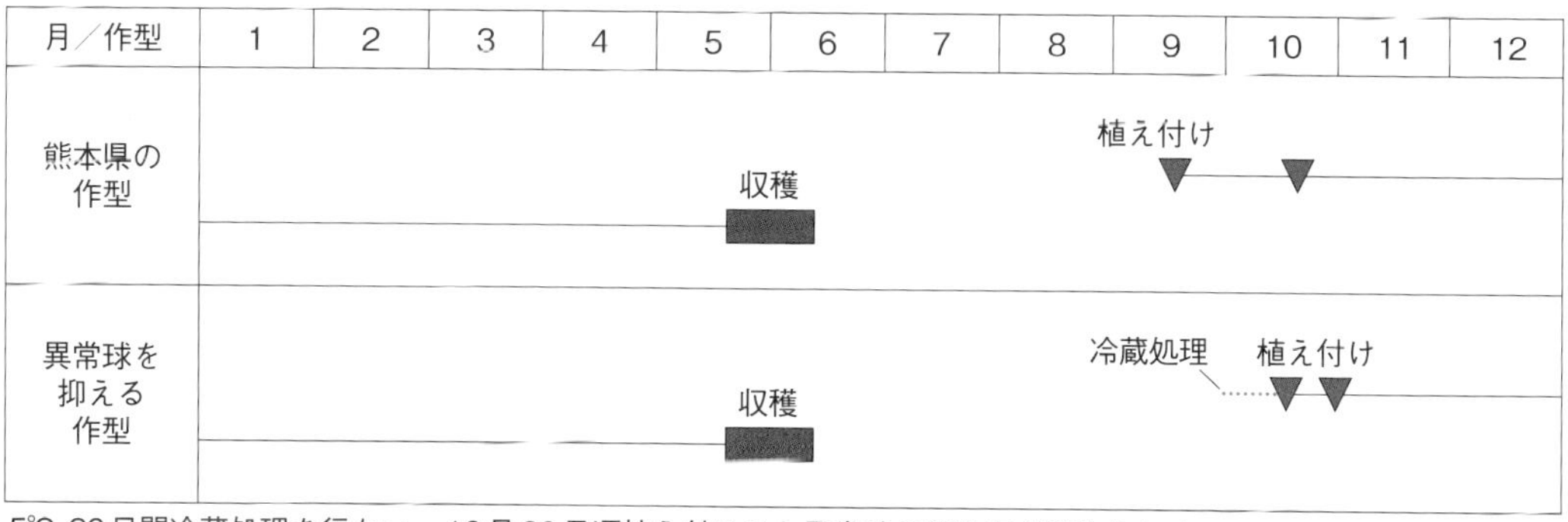

5℃ 20日間冷蔵処理を行ない、10月20日頃植え付けると異常球の発生率が抑えられる。
11月以降に植え付けると、厳寒期までの葉数が足りなくなるので注意

ため、今後はさらに種子更新を推奨していく。

注目を集める「球磨ニンニク」

ＪＡくまでは、ニンニクの異常球の発生低減には「５℃、20日間の冷蔵処理」と「10月20日頃の植え付け」が有効な対策として、部会への情報提供と対策の徹底を図った（図４）。その結果、４年前は30％程度発生していた異常球が、現在は10％以下に抑えられている。地域によって品種や気候は異なる。冷蔵処理の温度や期間や植え付け時期については、球磨地域の例を参考に自身の地域で検討してほしい。

また、ＪＡくまでは異常球が減ったため出荷量が増加。Ｌ規格以上の割合も16年から20年の５年間で48％から77％に増加し、冷蔵処理の効果が表われている。単価と販売額の増額にもつながり、14年では10ａ当たりの出荷数量２１５kg、販売額23万６０００円であったのが、20年では５００kg、46万８０００円と２倍以上になった。

球磨地域では夏秋野菜の複合経営が多く、ズッキーニや夏秋ナス、水稲などとニンニクを組み合わせて年間を通じた所得向上を図っている。また、２０２０年７月豪雨で被害を受けた地域では、水稲などの代替作物としてニンニクの作付けを試みる動きもあり、復興への足掛かりとして「球磨ニンニク」が非常に大きな注目を集めている。

最近は「二次生長」という新たな生理障害も増加していることから、今後も生産者や関係機関と一緒に球磨ニンニクの安定生産技術を検討していく。

（球磨地域農業協同組合）

収穫後すぐ外皮をむいたニンニク。二次生長してりん片から芽が出ている

ニンニクの有機栽培 自家培養の納豆菌で 春腐病を防除

兵庫・藤岡茂也

納豆菌液の散布。モミガラマルチに繁殖するカビや土壌の雑菌の抑制、病気の予防が目的

殺菌剤に代わるものを

今から10年ほど前、多可町に新しい特産品をつくろうということでニンニク「たがーりっく」の栽培が推奨され、当農場もJAみのり・加西農業改良普及センターにご指導いただきながら、栽培を始めました。

ニンニクは春腐病になりやすく、対策として、当初は2週間に1度ほど殺菌剤を散布していました。私は当時から、イネやダイズはできるだけ農薬を使わない特別栽培にこだわっていました。それなのに、ニンニクには殺菌剤を頻繁に使用している——とても違和感を覚えていました。

そこで、自社で黒ニンニクの加工を始めた7年前頃から、ニンニクも脱農薬に方向転換。殺菌剤に代わるものを探していたところ、ネギのべと病防除に納豆菌を使っている農家を見つけました。病原菌を抑える働きがあるとのこと。「春腐病にも効果があるのではないか」と考えました。

自家培養した納豆菌液を、動噴で散布しました。春腐病は発生したものの、発病株を持ち出したりしながら、

筆者（右）と息子の啓志郎（7代目藤岡農場代表）。ニンニク5ha（農薬不使用3ha、有機JAS2ha）のほか、水稲「山田錦」9ha（特栽とJAS）・ヒノヒカリ1.3ha（無農薬）、丹波黒大豆4ha（特栽）

バルククーラーで培養中の納豆菌。冬は外気が冷たいので、コンプレッサーで空気を取り込むのではなく、水中ポンプで水を循環させて泡で酸素を補給する

農薬不使用の農園オリジナル黒ニンニク「黒葫玉（こっこおう）」。3個入りで税込1684円。品種は早生の「山東」

なんとか無農薬栽培に成功。以後、毎年散布を続けています。

生乳用のクーラー内で培養

培養は12月中旬から。私は酪農機械の販売やメンテナンスも手掛けており、容器には不要になった生乳用バルククーラーを使用。8000ℓの培養液を6台のクーラーで作っています。各タンクに水中ポンプを設置して24時間循環させ、空気を補給しています。

　使う納豆の量は、クーラー1台当たり20パックほど。これをタマネギネットに開け、バケツの中で水にジャボジャボ濾して、タネとなる菌液を作ります。この液を、半分くらいまで水を入れたクーラーのタンクへと投入。菌のエサとしてさとうきび糖を2～3kg、無調製豆乳を2～3ℓ入れ、最初だけ遠赤外線ヒーターで30℃くらいまで加温します。その後は納豆菌自体が発熱しますし、クーラーの保温性もいいので、冬でも加温は必要ありません。ほかの菌の影響か、たまに酸性に傾きすぎたりするので、温度やpH（通常5～5・5）はときどき確認。仕込んで3～4日後に1・5倍に加水し、さとうきび糖と豆乳を加え3日おいて仕上げて散布し始めます。

　タンクの3分の1ほどを使ったら、川の水（8℃）とさとうきび糖、豆乳を注ぎ足しておくと、3～4日でまた30℃近くまで復活します。

3ウネ用スプレーヤを自作

　菌液の散布は2週間に1回程度。2倍希釈で、10a当たり100～150ℓまいています。動噴だと大変なので、数年前から500ℓタンクの後部に穴を開けた塩ビパイプを付け、ジョウロのように散布するようにしました（次ページ左下写真）。ただ、1ウネずつしかまけないため、やはり時間がかかっていました。

　そこで今作は、モミガラマルチャーを利用して、「ブームスプレーヤもど

ノズルはセンターに3個と、左右の竿にそれぞれ3個。細霧ノズルの噴出口は3㎜に広げてある

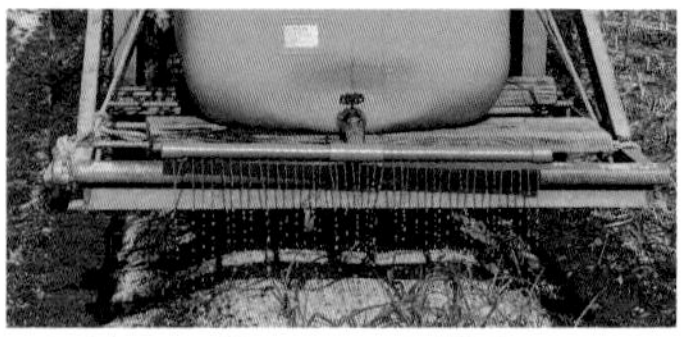
2年前まで使っていた散布口。1ウネずつまくので大変だった

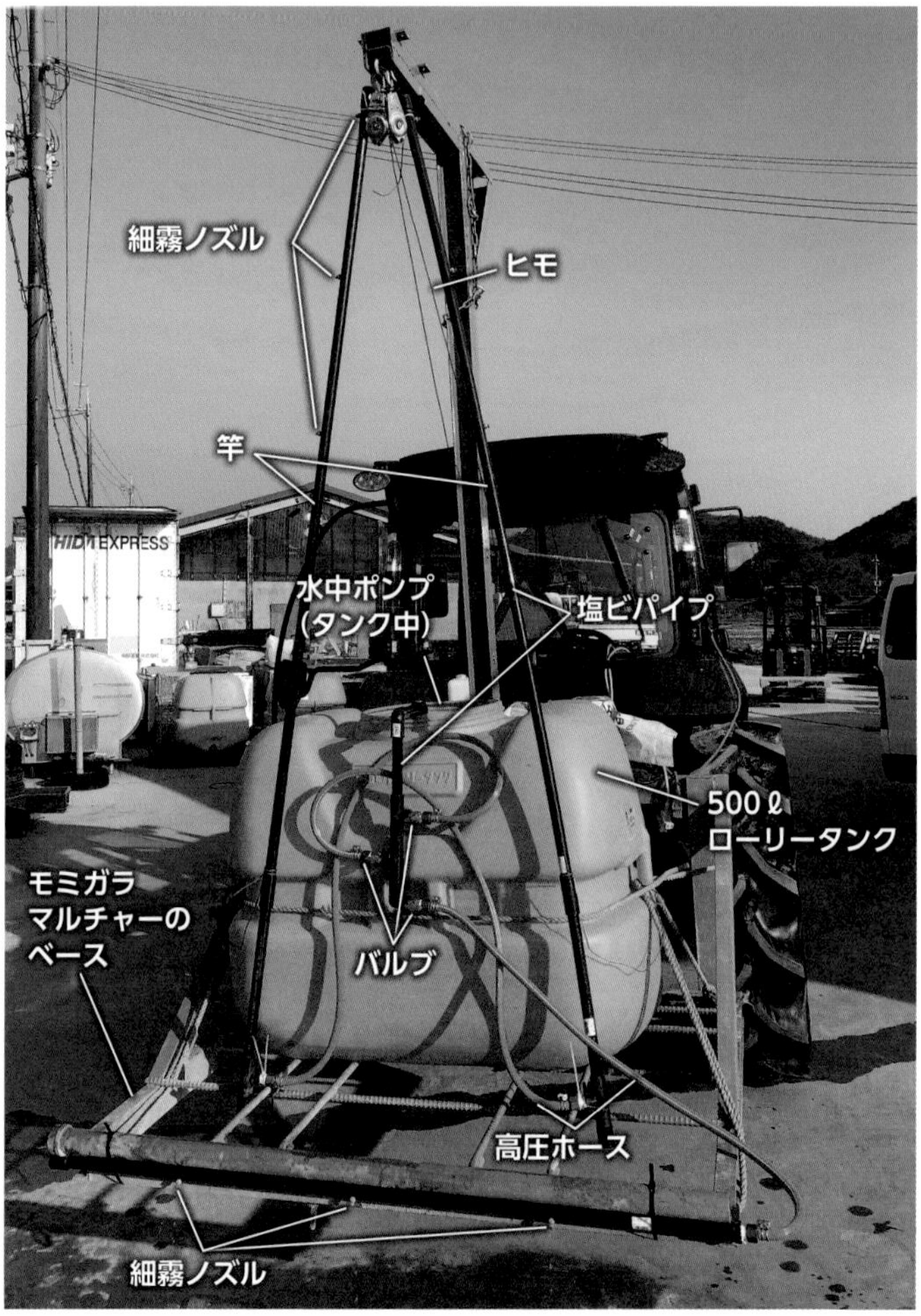

自作のスプレーヤ。収納・移動時は、写真のようにヒモで左右の竿を引き上げて畳む（手動）。スプレーヤを使うのは12月末～4月頃。以後はニンニクが大きくなってトラクタが入れないので、ドローンなどで散布する（7月の収穫直前まで）

き」を作りました。タンクの中に水中ポンプを入れ、トラクタ内部にポンプの起動スイッチを付けて、ブームを取り付ければ完成です。かかった費用は約3万円。製作期間は1日でした。

出来栄えは上々です。1度に3ウネへと散布できるので、効率は以前の3倍以上。ノズルの噴出量は一定なので、面積当たりの散布量は走行速度で調整します。10aの散布にかかる時間は5～10分です。

当初、ニンニクの作付けは80aほどしかなかったので、納豆は近くのスーパーで購入していました。しかし、面積は毎年倍増。2年前には、2ha分の納豆を買い物かご2つに山盛りに詰め込んでレジに行き、レジのおばちゃんに「この納豆おいしいもんねぇ」と言われてしまいました。今作は5haまで増えたので、さすがにインターネットで業務用の納豆を購入しました。

納豆菌液の散布を始めてから今日まで、無農薬でも大きなトラブルはなく順調です。菌液の使用については有機JAS認証も受けており、ニンニク栽培の大切なパートナーとなっています。

（兵庫県多可町）

無農薬栽培なら、摘んだニンニクの芽も売れる

兵庫県多可町・藤岡茂也さん

上海早生の芽（熊本県で5月上旬に撮影）。「にんにく」と「にんにく（花茎）」はそれぞれ登録農薬が違うが、無農薬栽培ならどちらも販売できる

刃と親指で芽を挟んで切る

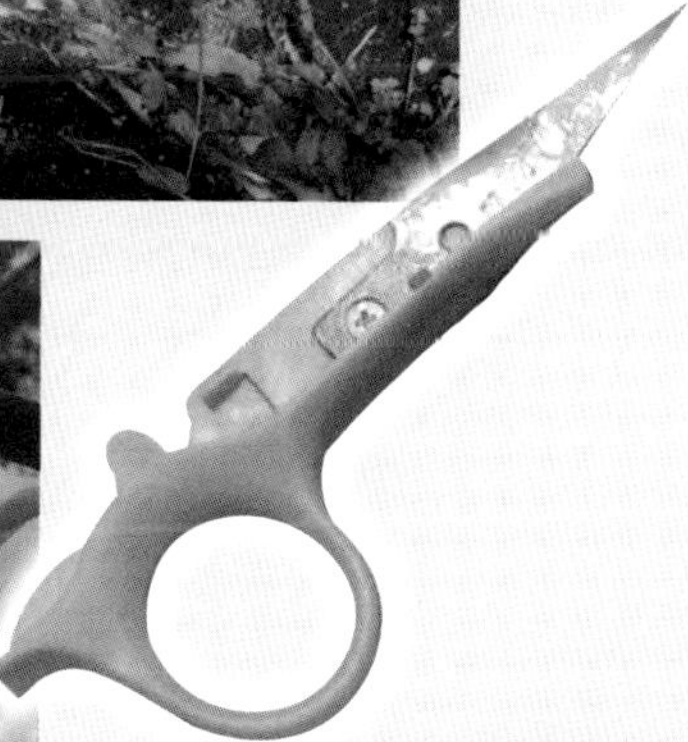

糸切りバサミを半分に割り、刃1本を使用。輪に薬指を通して持つ（写真提供：藤岡茂也、左も）

ニンニクづくりで欠かせない作業の一つ、トウ摘み。花芽に養分が回ると、玉の肥大が悪くなるので摘み取る必要がある。これが「ニンニクの芽」として直売所で大人気だと、「山東」と「上海早生」という品種を無農薬で5・5ha栽培する藤岡茂也さんが教えてくれた。

トウを摘むのは5月上旬。芽の大きさを揃えるため25〜30㎝の長さに生長するまで待つ。半分に割った糸切りバサミを持ち、刃と指で芽を挟んでポキポキ折っていく。「ハサミでチョキチョキ切るのは手が疲れて大変でしょ。でも、このやり方ならラクにどんどん収穫できますよ」。藤岡さんは長さを調製し、直売所で100gに束ねて198円で売ったり、宅配業者に販売したりする。無農薬のニンニクの芽は大人気。あっという間に売り切れる。

面積が広いので繁忙期にはパートを5人雇用する。

「芽で儲けようとは思ってないけど、その売り上げでトウ摘みしてくれたパートさんの時給は十分ペイできますよ」

タンニン鉄でニンニクのさび病が出なくなった

宮城・小野寺 潔

連作して3年目のニンニク。タンニン鉄を散布し、さび病が出なくなって2年目

使用するタンニン鉄。クズ茶と鉄の廃材を水に入れて7日ほどで黒くなる

筆者（60歳）

私は仙台市で野菜農家をしております。約1・5haで栽培する露地野菜を中心に、スーパーのインショップなどで販売しています。インショップでは自分の名前を貼った野菜を販売します。野菜の食味を向上させてほかと差別化させたいと思い、タンニン鉄を使った栽培を始めてみました。

タンニン鉄とは、タンニン（ポリフェノールの一種で、落ち葉や茶葉などに含まれる）が土中の鉄と結びつくことで、ミネラルとして植物に吸収されやすい形になったものです。

定植前に圃場に散布、株元にも最低1回

タンニン鉄の作り方は次のとおりです。500ℓのタンクに茶葉5kg、鉄材は鋳物を切削加工した時に出る廃材を入れています。私の住む地域はお茶

の産地ではないため地元ではクズ茶を入手できず、静岡の製茶工場さんに分けてもらいました。

タンニン鉄は、播種・定植前に圃場全面に原液で、大きい圃場の場合は3倍希釈で散布しています。その後は作物にもよりますが、どの野菜でも株元散布を最低1回は行ないます。

タンニン鉄がさび病を抑えた？

10aの畑でニンニクを3年間連作しています。初年は2割ほどでさび病が出ました。翌年は、収穫1カ月半ほど前から週に1回、3倍希釈でタンニン鉄を散布しました。するとほかの農家がさび病に苦しむなか、私の圃場ではさび病がまったく出ませんでした。今年も被害はなく、タンニン鉄でさび病が抑えられたのではと考えています。

（宮城県仙台市）

タンニン鉄で病気に強くなる!?

鉄をはじめとしたミネラルは土中の微生物のエサとなる。微生物は有機物を分解しながらどんどん増殖するが、タンニン鉄をやると放線菌などの細菌が殖える傾向があるようだ。放線菌はキチナーゼという酵素を出して糸状菌（カビ）の細胞壁を溶かす。糸状菌（さび病菌も含む）は病原菌の８割を占めるといわれ、その割合が下がると微生物相が安定し、作物は病気になりにくくなる。（編集部）

石灰で虫寄らず、苦土で大玉

石灰を吸わせて病気に強く味も向上

青森・**留目昌明**

私はニンニクの栽培を始めて20年以上になります。初めから有機栽培（有機JAS認証は2017年より取得）ですので、病害虫対策には細心の注意を払わなければなりません。元肥としてのカルシウム剤は貝化石粉末を基本としてきました。そして、追肥としてのカルシウム剤は、クエン酸カルシウム、苦土石灰の上澄み液、木酢液にホタテ貝を溶かした液などいろいろと使用してきました。その目的は病原菌に対する抵抗力を期待することです。また、味の向上もねらいにありました。

それからニンニクの生育初期・中期・晩期においてどのようなカルシウム剤が効果的か、有機栽培対応の石灰ボルドーや石灰硫黄合剤を使ってきま

著者。有機でニンニクを１ha栽培。マルチに白く残っているのが１週間ほど前にかけた消石灰（撮影は５月）

した。とくにニンニクは硫黄を好むため、肥大期には石灰硫黄合剤を使用しています。

消石灰ふりかけで虫が寄らない

昨年から試しているのが消石灰を粉のまま葉の上から散布することです。ウネの間にも全面散布しました。雨によって土壌に吸収されますが、2週間くらいは菌と虫に効果があるように思います。消石灰は白いので土壌の表面も白くなり、その反射光を害虫が嫌がるのか、白い間は虫が寄ってこないようです。害虫は新月と満月の日に集中するので、それぞれの3日前に葉面散布すると効果が大きいと思います。

スムーズな初期生育と水分保持

ただ、基本的に重要なことは完熟した良質堆肥です。私は堆肥を4年以上熟成させています。

初期生育で肥料焼けが起こると、葉先が枯れて、根が曲がって褐色になります。後からいろいろ対処しても、病気の侵入を防ぐことは難しいです。また、初期生育に問題がある時ほど生育全般の水分保持に注意しないと、葉枯病、青腐れ病、サビ病、またセンチュウの繁殖で被害が大きくなります。ですから、消石灰などのカルシウム剤は、土壌の物理性、化学性の健全性と高い地温を前提条件とした上で、効果が出るものではないでしょうか。

苦土で大玉、糖度も上がる

施肥は塩基バランス、カルシウム・マグネシウム・カリの比率を5：2：1に保つようにしていますが、このマグネシウム（苦土）の量が適正量であれば、大玉になり、糖度も上がり、品質がよくなります。しかし、過剰にやると、苦土という字の如く苦いものができます。ニンニクはまだ味が微妙ですが、リンゴだとハッキリ苦土の苦味がわかりますので、気をつけなければなりません。以上が私の栽培において失敗から学んだことです。

（青森県三戸郡南部町）

ニンニクのうまい話 ２

段ボールの上でコロコロ、カビ知らずのニンニクに

ちょうど梅雨に収穫するニンニク。軒先で乾かしてもなかなかうまくいかず、カビが生えやすいですよね。壱岐市の平田好子さんはカビとは無縁のニンニク乾燥をしています。

絵・金井　登

ハウスの中に段ボールを敷いて、その上でニンニクを乾燥させるのです。２週間経ったら表裏をひっくり返すように転がし、後はそのまま置いておくと１カ月ほどで完成です。ポイントは、ニンニクの茎はなるべく短く切っておくこと、ハウスのサイドは毎日開けて風通しをよくすることです。

ムシロの上でニンニクを転がしている親戚のやり方を、数年前に段ボールで真似してみたのが始まり。真っ白できれいで、しかも割れないニンニクができたのだそうです。雨が降った後などの、地面から上がってくる蒸気を段ボールが吸ってくれるからいいのではないかとのことでした。

このニンニクは壱岐から東京まで運んでもまったくカビずへっちゃら。皆さんもこの方法で、今年はカビとおさらばしちゃいましょう。

ラクに収穫・調製したい

ジャガイモ収穫機でマルチごと掘り取り

北海道・静川尚大

収穫機

ジャガイモ用掘り取り機（ディガー）でニンニクを収穫するようす。掘り始めだけマルチの端を浮かせば、マルチごと収穫できる

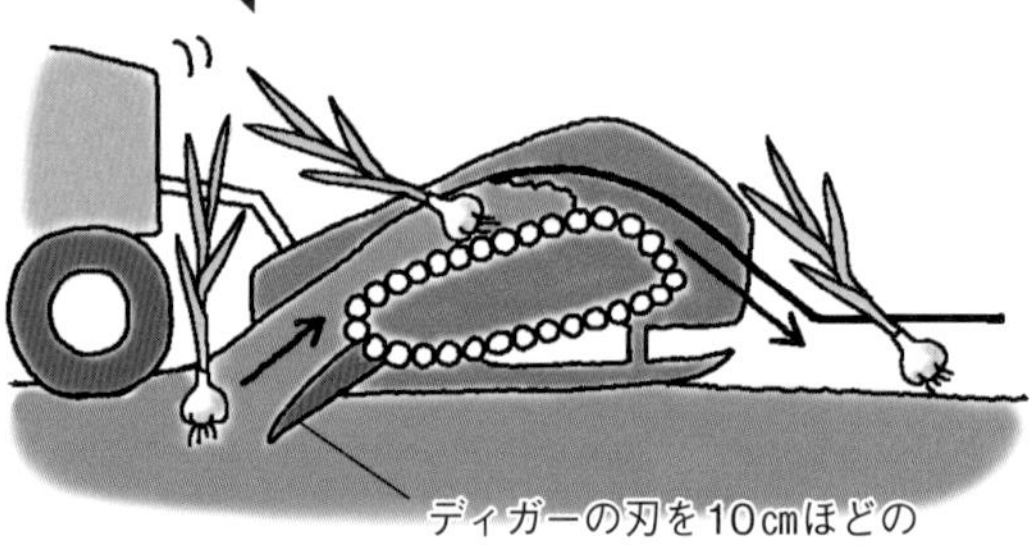
進行方向
ディガーの刃を10㎝ほどの深さに挿し込んで掘る

ニンニク掘り機は高い

静川農園と申します。空知の浦臼町で、110年以上前から代々稲作を中心とする農業を営んでおります。28haの農地でイネやジャガイモなどを栽培。3年ほど前より本格的に在来のピンクニンニクの栽培を始め、現在は80aほどでタネを自家増殖中です。

ニンニクを自家用にウネ10mほどでつくっていた頃は、スコップで掘り上げて収穫しており、重労働でした。新しい品目として栽培面積を増やそうとした際に、さまざまな収穫機械を検討しましたが、専用機械は高価であり、この段階で資金投資するにはまだリスクもあると思いました。

ジャガイモの機械で代用

ある時、ほかのニンニク農家の圃場見学で専用の収穫機をよく見ると、ジャガイモ収穫機（ディガー）と同じような構造がありました。さっそく、手持ちのディガーでニンニクを試し掘りしたところ、土ごと掘り起こすことに成功。試行錯誤をしてニンニクの葉は切らず、マルチも張ったまま掘り上げ

根切り器・葉切り器

られるようになりました。ディガーの刃の角度が浅いと土の中で球を切断してしまうので、刃は10㎝ほどの深さに挿し込みます。

掘り起こしたニンニクは家族総出で拾って集め、乾燥・調製します。

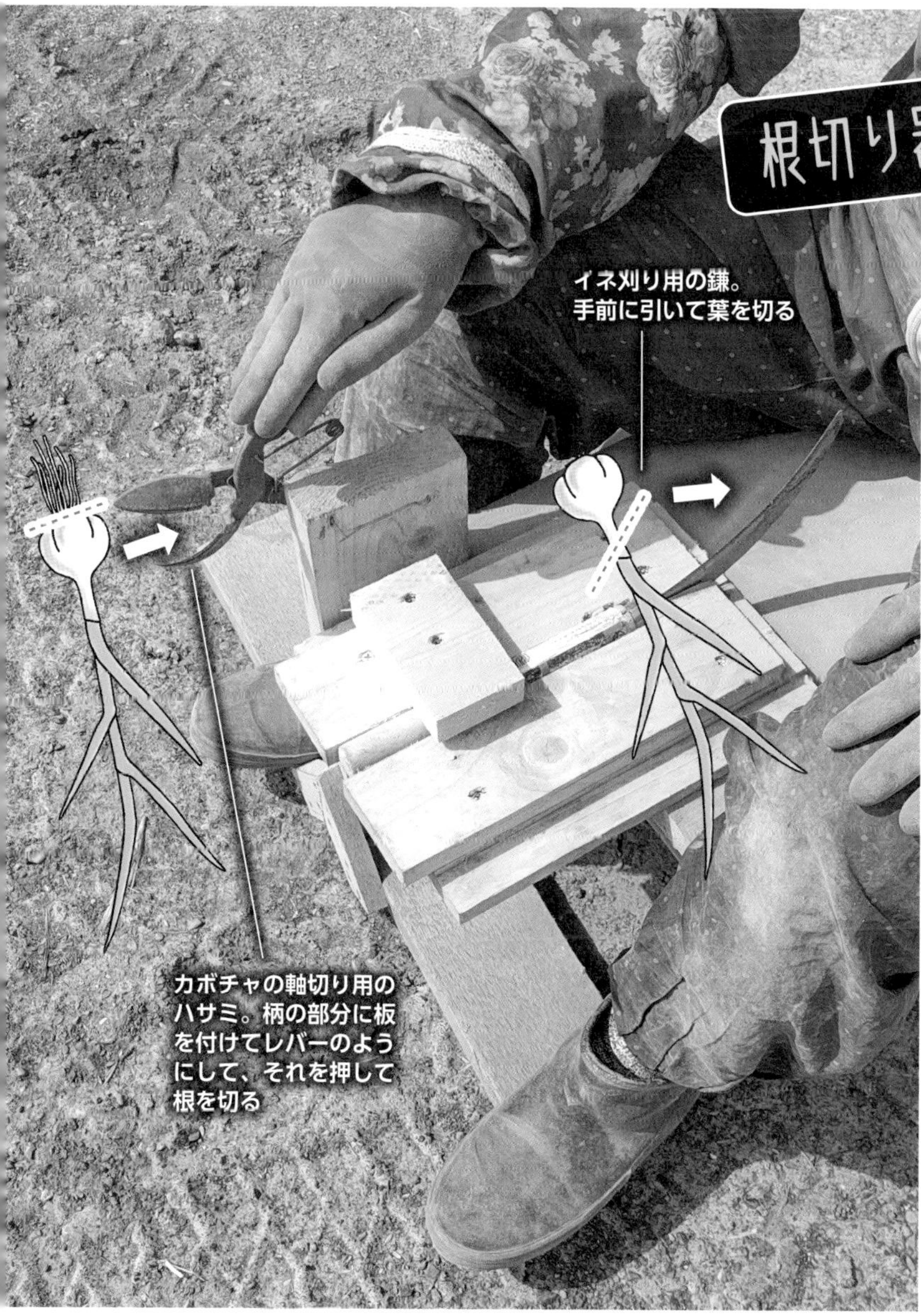
イネ刈り用の鎌。手前に引いて葉を切る
カボチャの軸切り用のハサミ。柄の部分に板を付けてレバーのようにして、それを押して根を切る

手豆だらけの作業とオサラバ

根切りや葉（茎）切りを怠ると、球がやせたり腐敗につながったりするので欠かせません。最初は手で茎を持ってハサミで根を、鎌で茎を切断していました。たくさん作業するうちに手に豆や水ぶくれができ、手首も痛めてしまい、どうにかできないかと考えていました。ニンニク専用のひげ根・茎処理機（ルートシェイバー）がありますが、これも安いものではありません。

そこで、裁断機のようにハサミを固定する器具を考案。根切りはカボチャ用のハサミ、葉切りはイネ刈り用のノコギリ鎌を使用しています。根切りはハサミを握らずにレバーを押すだけ。葉切りは鎌の刃に茎を当てて手前に引くだけ。固定台に座って足で踏んで押さえるので安定して作業ができます。

この作業を行なってくれる妻には、格段に作業がラクになったと褒められました。手への負担もなくなり、慣れるとリズムよく作業できるので処理スピードも3～4倍に上がりました。

手持ちの機械や道具を工夫して使用したので初期投資なく新規品目の作業がラクにできました。タネが十分殖えたので、今シーズンから食用ニンニクの販売を開始。このまま販売利益が出る段階になったら、機械の導入を検討しようとも思っています。

（北海道浦臼町）

タネ割り、乾燥、尻磨き

アイデア農機でぜーんぶ解決

兵庫県多可町　藤岡茂也さん

外の皮をむき、りん片をバラバラにする（5月上旬に熊本県で撮影）

菌液散布用の自作スプレーヤについては、66ページをご覧ください（写真提供：藤岡茂也）

「ニンニクは機械がいらんから誰でもできると言われて始めたけど、しんどいだけだった」というのは、5・5haでニンニクを栽培する藤岡茂也さん。当初はりん片を割る作業や盤茎削りなど機械化されていない工程が多く、大量のニンニクを一つ一つ手で調製するしかなかった。

　しかし、藤岡さんはアイデア農機作りの名人。酪農用の機械販売業も営んでいる強みを生かし、その廃材や機器を改造して作業をラクにする農機を作った。

タネ割り機

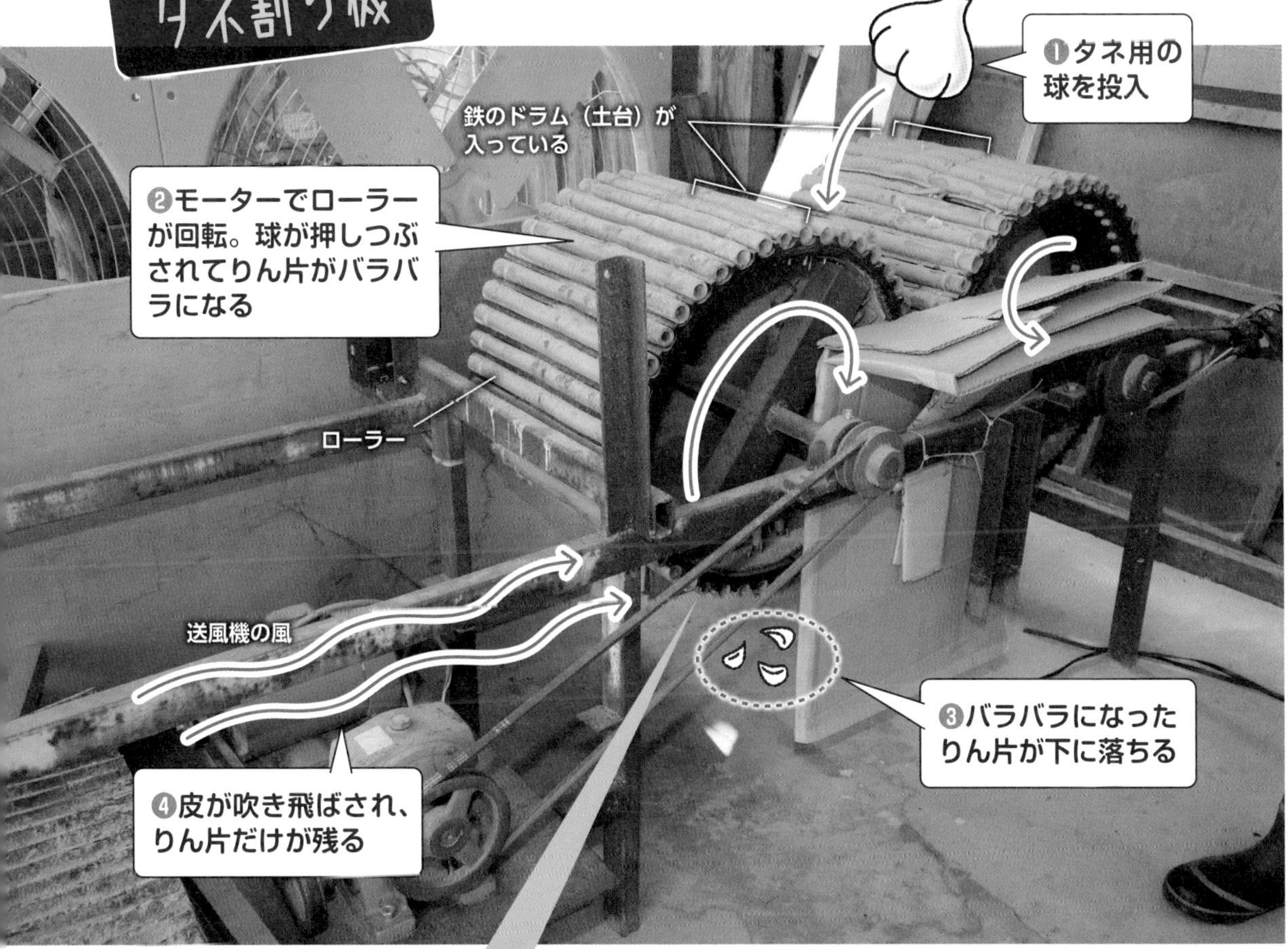

❶タネ用の球を投入
鉄のドラム（土台）が入っている
❷モーターでローラーが回転。球が押しつぶされてりん片がバラバラになる

送風機の風
❸バラバラになったりん片が下に落ちる
❹皮が吹き飛ばされ、りん片だけが残る

シリコン製の厚いチューブ（搾乳で使うミルクチューブ）にニンニクが挟まれ、バラバラになる。ローラーの土台として鉄製のドラムを互い違いに入れてある（注記のないものははすべて依田賢吾撮影）

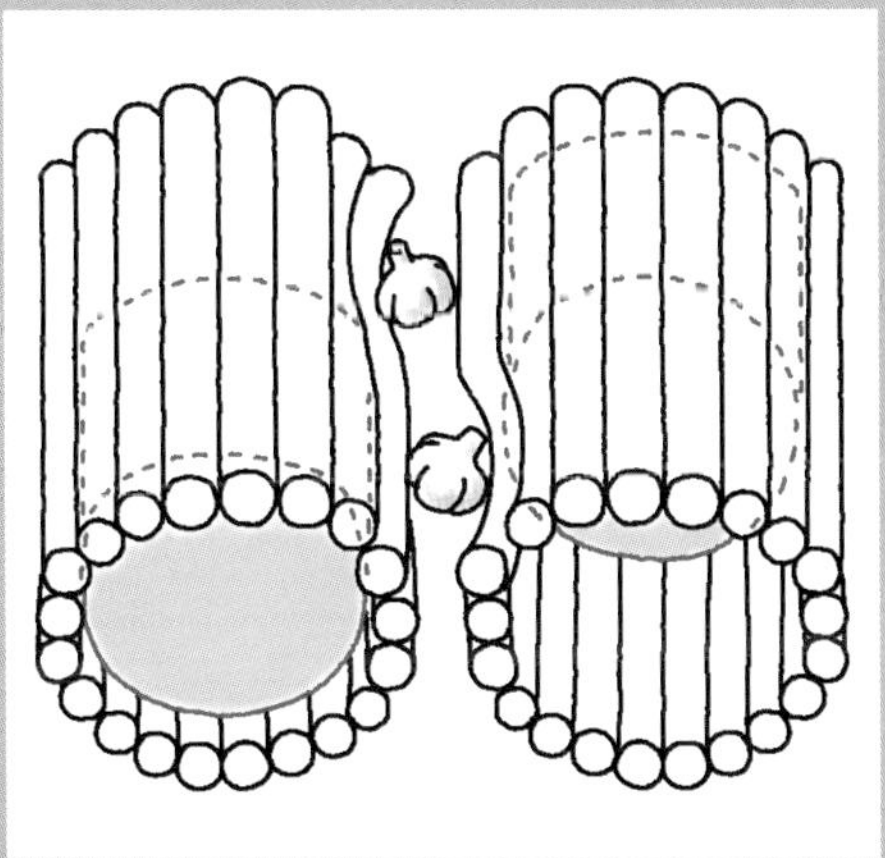

土台がないチューブがほどよく圧力を吸収し、球を押しつぶすことなく、りん片をほぐすことができる

ニンニクのタネを注文すると球で届き、植え付けるには外皮をむき、バラバラにしなくてはならない。藤岡さんの2022年のタネの量は約3.5t。いちいち手でむいてられない。そこで思いついたのが、上のタネ割り機だ。手作業の時は今より少ないタネの量でも１～２週間かかったが、４～５日でできるようになった。

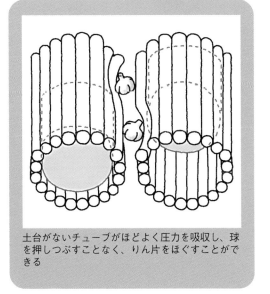

コンテナ乾燥機

裏から見た。ファンを4台設置して
空気を吸い出す

奥行き10ｍの冷蔵コンテナ。ニンニクを入れたコンテナ（約16～18kg）が最大378個入る

乾燥するしくみ（コンテナを真横から見た）

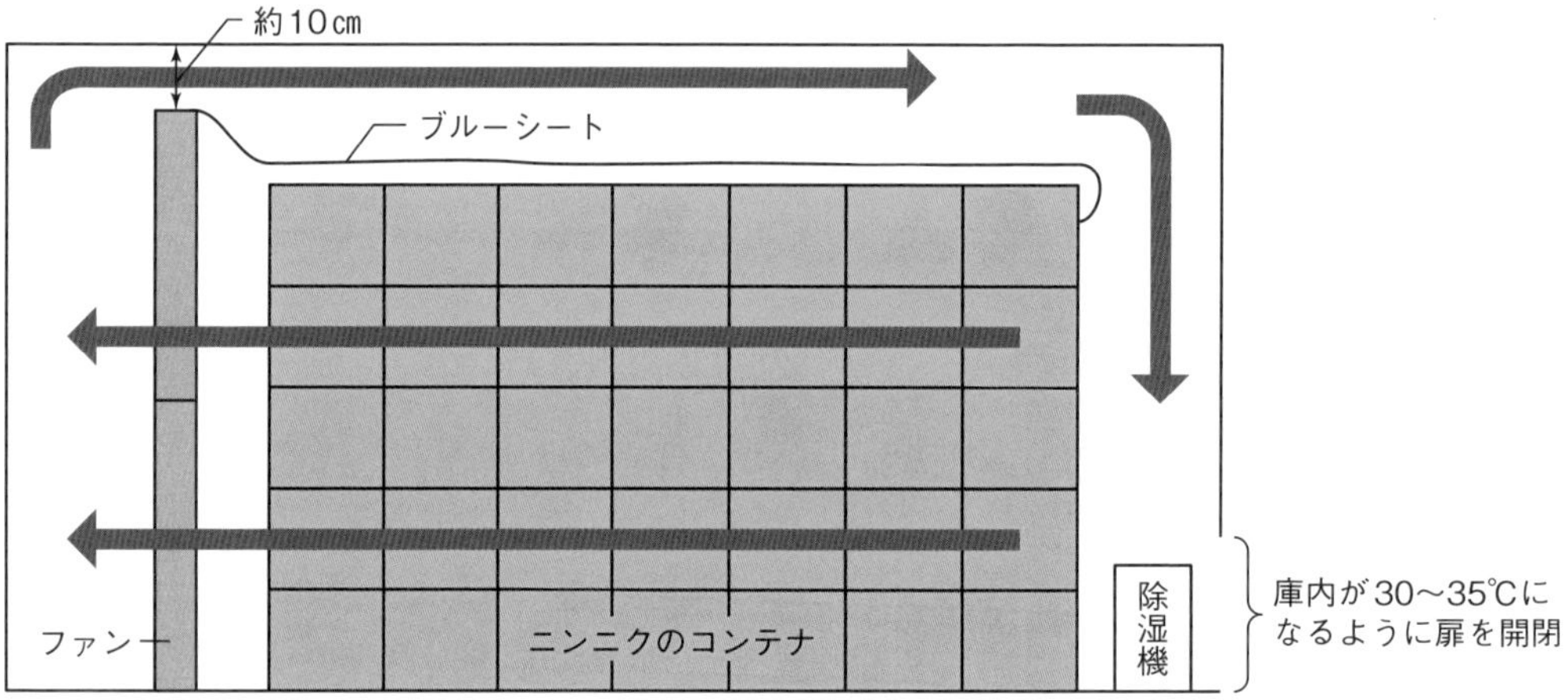

コンテナ内で風が循環するようにファンと業務用の除湿器を設置。20～30日で水分を30％飛ばす。夏場は内部が暑くなりすぎる場合があるので、30～35℃になるように扉を開けて調節

乾燥機にはトレーラーの保冷コンテナを改造。ニンニクが入ったプラコンテナを入れ、内部に設置したファンと除湿器を回す。藤岡さんは保冷コンテナを4台設置。最大21ｔのニンニクを乾燥できる。冷蔵機能付きのコンテナもあるので、乾燥後は貯蔵庫も兼ねる。

尻磨き

ニンニク農家にとって一番大変な作業の尻磨き。従来の盤茎を削る機械は作業性が悪かった。そこでニンニクを固定して、上から木工用ドリルで切る方法を考案し、「ガーリックシェーバー」と命名。ポイントはドリルの刃の形状。根の大きさにピッタリ合う。弾力あるチューブがクッションになり、刃が下がりすぎないので、ニンニクを切りすぎる心配もない。「作業効率が2倍よくなった」と藤岡さん。

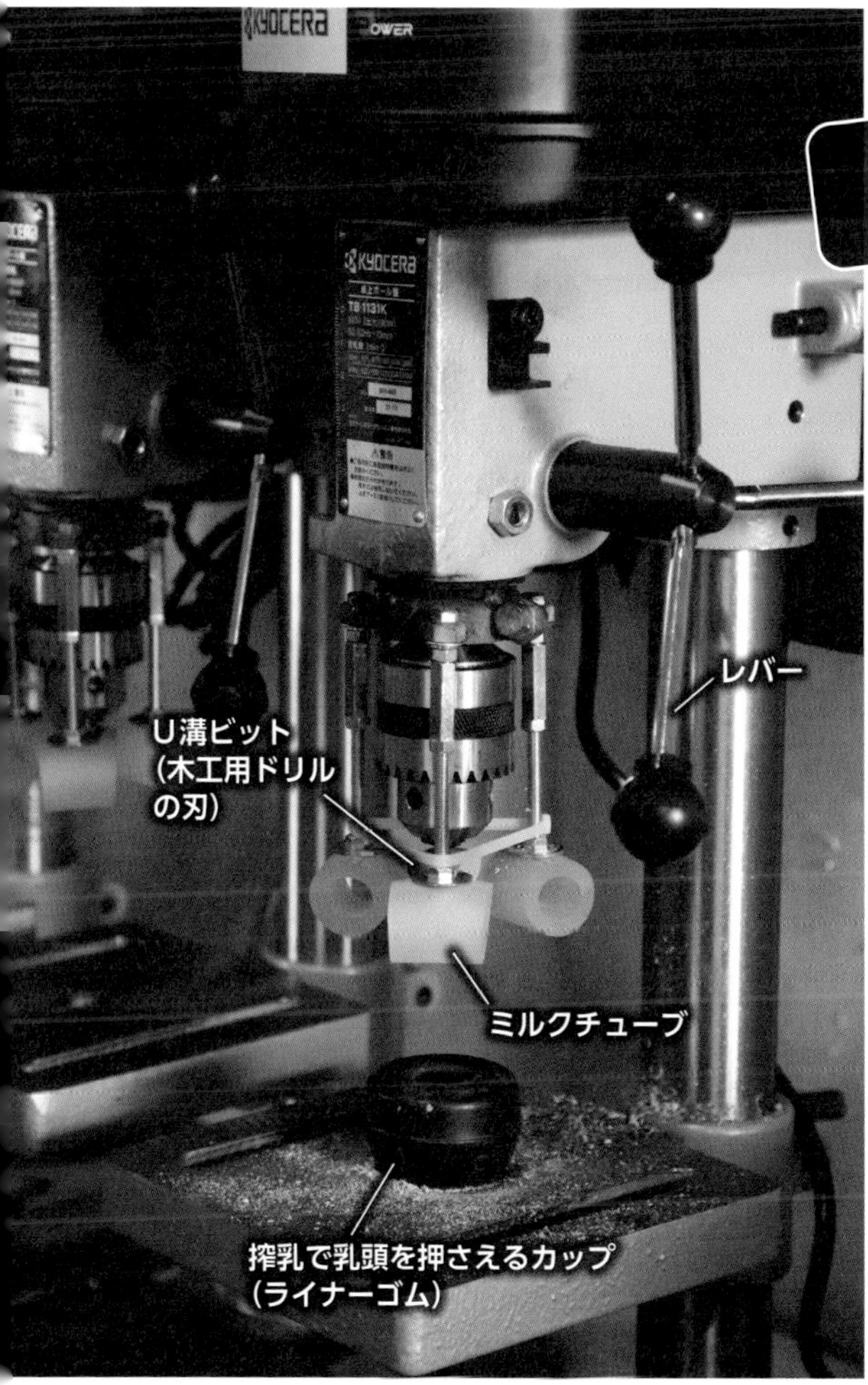

ニンニクに手を添えて刃が当たる角度を調整しながらレバーを回して根を削る。シリコンチューブは弾力があるので、盤茎を切りすぎず、球を傷つけない

刃を当てたあと。削る角度を変える時に、ホームセンターで見つけたビンを開ける万能グッズでニンニクをつかむと、刃に触れる心配がなく安全にできる

丸溝の刃（U溝ビット）。すり鉢状に削れるので、ニンニクの盤茎を削るのにちょうどいい（編）

長期保存したい

ガーリックブレイドで売ってみた

愛知・比嘉正道

ニンニク10個付き2500円で販売したガーリックブレイド

ガーリックブレイドとは、ニンニクを茎葉ごと編んだものです。ブレイドとは「編み込み」を意味した言葉のようで、以前販売した時は、見た目がかわいくインテリアになり、長期保存も可能なのでお客さんに人気でした。

販売する時は事前に予約を受け付けました。お渡し時には、保存場所、保存方法、ニンニクの簡単レシピのメモもつけました。収穫したばかりの生ニンニクでブレイドを作るので、最初は生ニンニクで楽しみ、その後は乾燥過程の味の変化も楽しめます。お客さんからは「貴重な生ニンニクをたくさん使えてうれしい」「生ニンニクは翌日にニオイが残りにくくていい」といった反応もいただけました。

注意点は空気の通る場所に保存すること。閉め切りの部屋などではニオイや虫に困ることもあったようです。適切な場所が確保できない場合は、ある程度観賞を楽しんだら一つ一つにばらして冷凍するといいかもしれません。

（愛知県北名古屋市）

映える 省スペース ガーリックブレイドを作ろう

茨城・塚原雄二

筆者（42歳）と家族。露地野菜10ha、水稲３haの経営
（写真はすべて田中康弘撮影）

軒下に吊るしたガーリックブレイド

「農チューバー」始めました

新規就農して約20年、茨城県古河市で露地野菜をメインに作付けしています。春夏はトウモロコシやナス、カボチャ、秋冬はキャベツやハクサイ、ネギ、ホウレンソウなどを栽培し、直売所と飲食店を主に、市場やカット野菜工場などにも出荷しています。

写真や農作業のブログが趣味で続けていたところ、農家仲間に誘われて、ＹｏｕＴｕｂｅに動画配信を始めました。農チューバー（農家ユーチューバー）です。今まで経験した農作業のノウハウと日々の農作業風景を夫婦で配信しています。視聴者からコメントをもらって交流する機会も増え、楽しくやらせていただいております。家庭菜園の方から専業農家さんまで老若男女問わず楽しめる動画作りを目指しています。

コンテナがいらなくなった

ガーリックブレイドを作ろうと思ったきっかけは、雑貨屋さんで見たオブジェです。

それまではなんとなく知っているだけ……外国の家の倉庫や軒下に干してあるイメージ。それを偶然雑貨屋さんで見かけて、「あ！　うちでニンニクつくってるから、私もガーリックブレイド作ってみよう」ってやってみた。

そしたらメリットがたくさんあった！

ニンニクは収穫したらコンテナに入れて保存していたので場所を取っていました。ガーリックブレイドにすることでコンテナが不要になり、軒下に吊るすことでしっかり乾燥し、余りがどれくらいかもすぐにわかる。食べる時は好きなところからハサミで切って取ります。軸を編み込んでいるからどこから切っても落ちない、ばらけない。

ニンニクの芽を摘んでおく

ガーリックブレイドを上手に作るコツは、ニンニクの芽（花茎）を取り除いておくことと、編み込むニンニクの大きさを揃えること。ニンニクの芽があると編み込みにくいので、トウ立ちする４月頃に摘み取ります。これはこれで炒めて食べるとおいしいのでオススメ。

作ったガーリックブレイドは、販売はしていませんが、野菜を買ってくれる料理屋さんにプレゼントすると喜ばれます。お店のオブジェとして、飾っておくと絵になります。

（茨城県古河市）

※くわしい作り方は次ページ

ガーリックブレイドの作り方

- 麻ヒモ
- ハサミ
- 茎葉つきのニンニク10個

写真のニンニクは収穫後数日経過し葉もカットしてあるが、収穫してすぐのまだやわらかい状態を葉付きで編むのがおすすめ

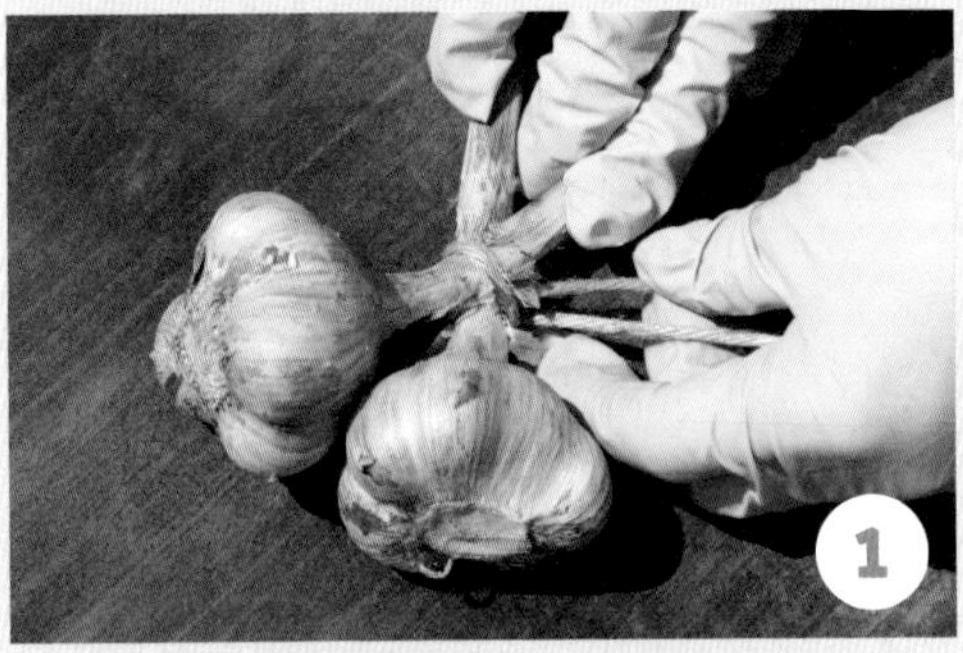

ニンニクを2個クロスしてヒモでしっかり結ぶ

茎の向きが交互になるようにもう1つニンニクを重ねる

一番下の茎を上に折り返す

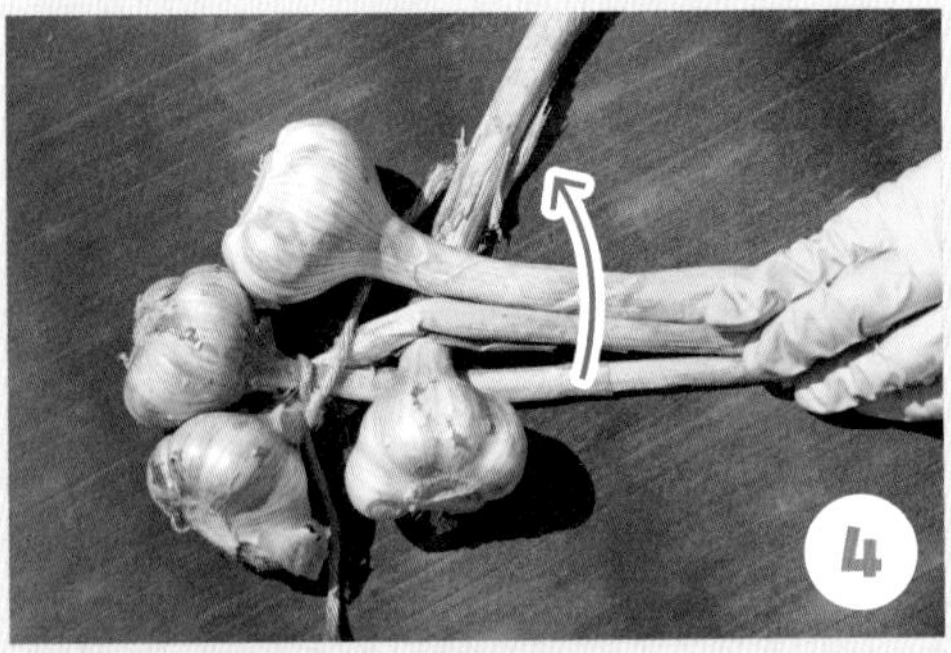

茎の向きが交互になるようにさらにニンニクを重ねる

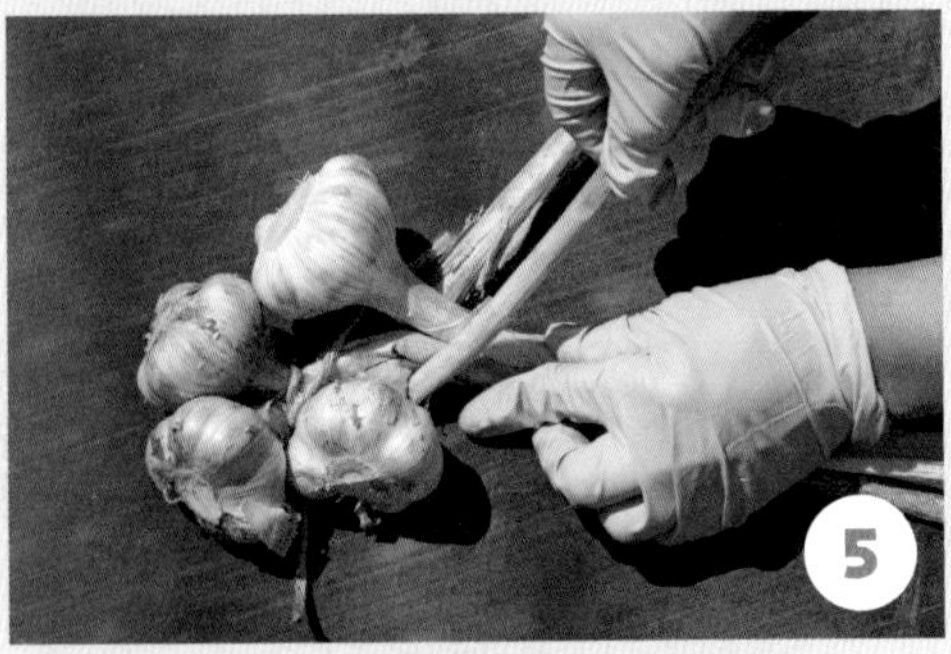

重ねたニンニクの茎と同じ向きの中で一番下のものを折り返す
④⑤を繰り返し、10個分編み込む

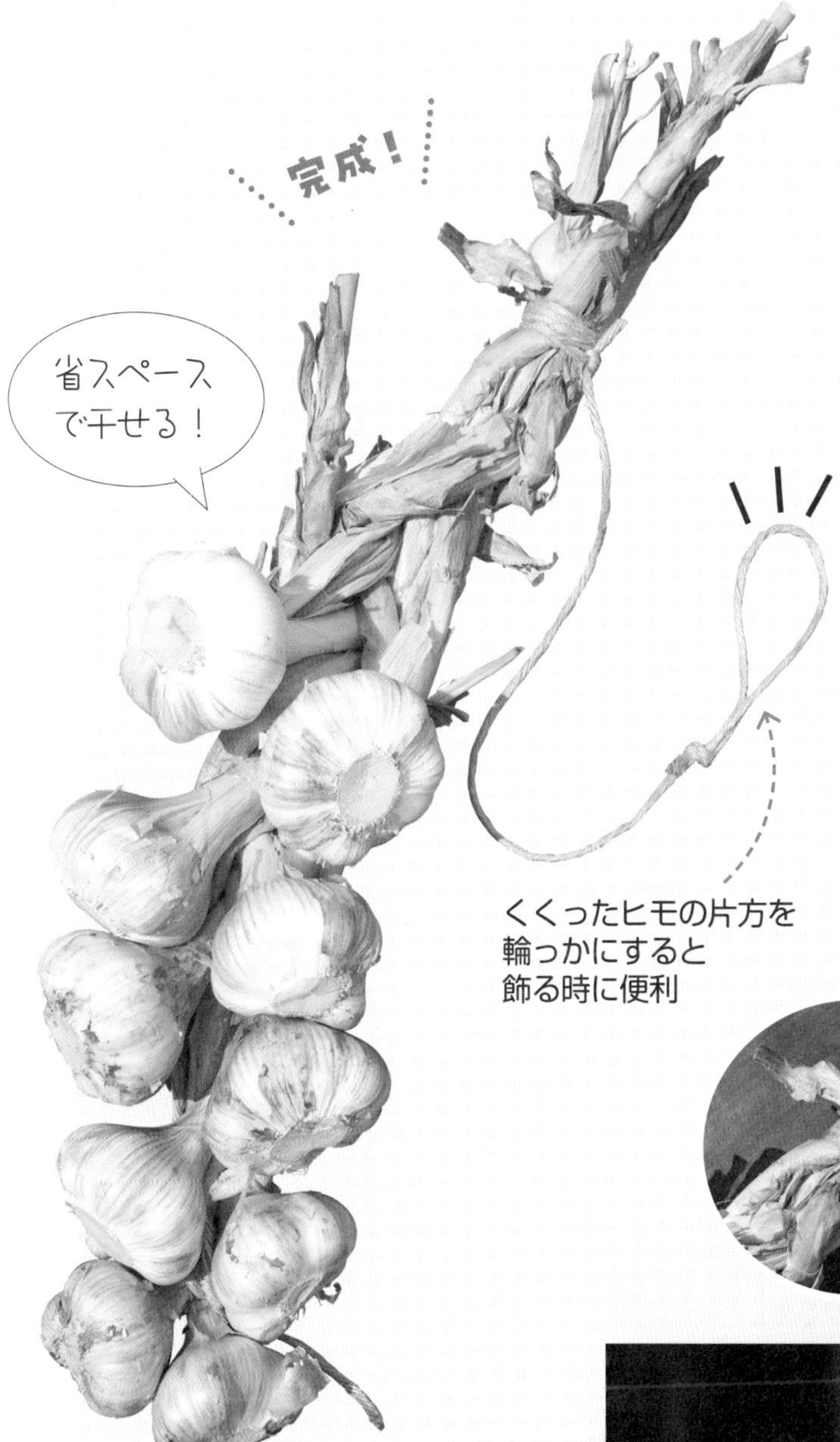

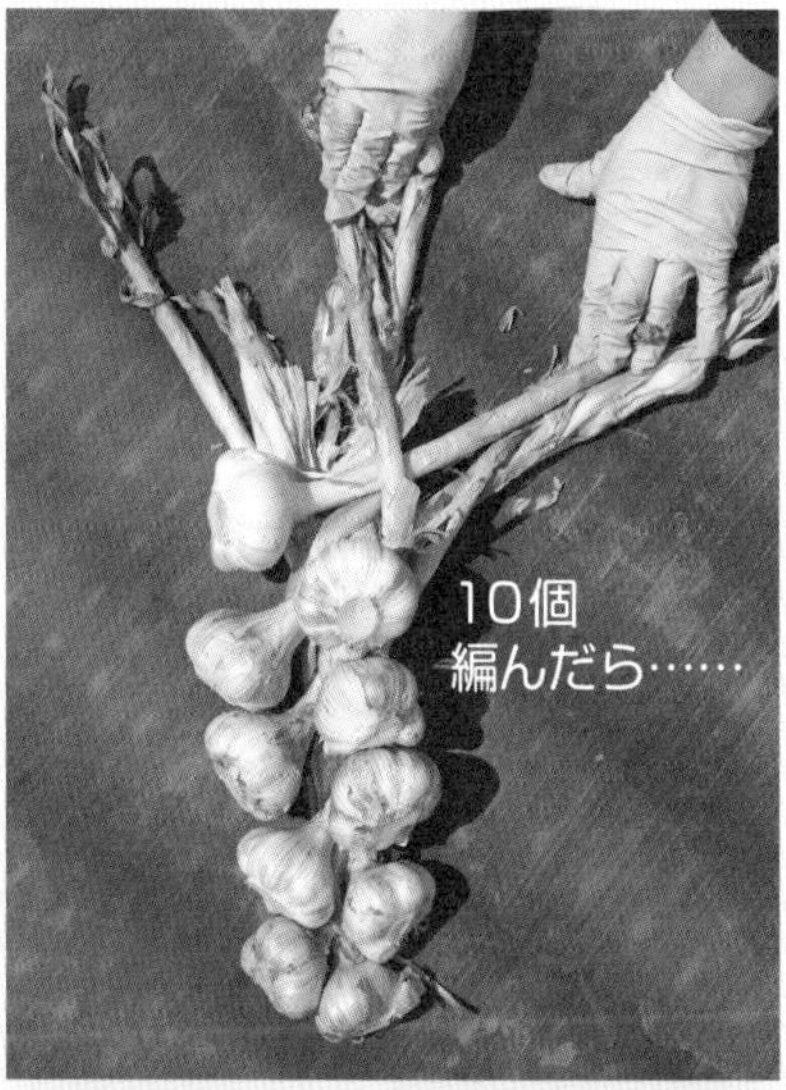

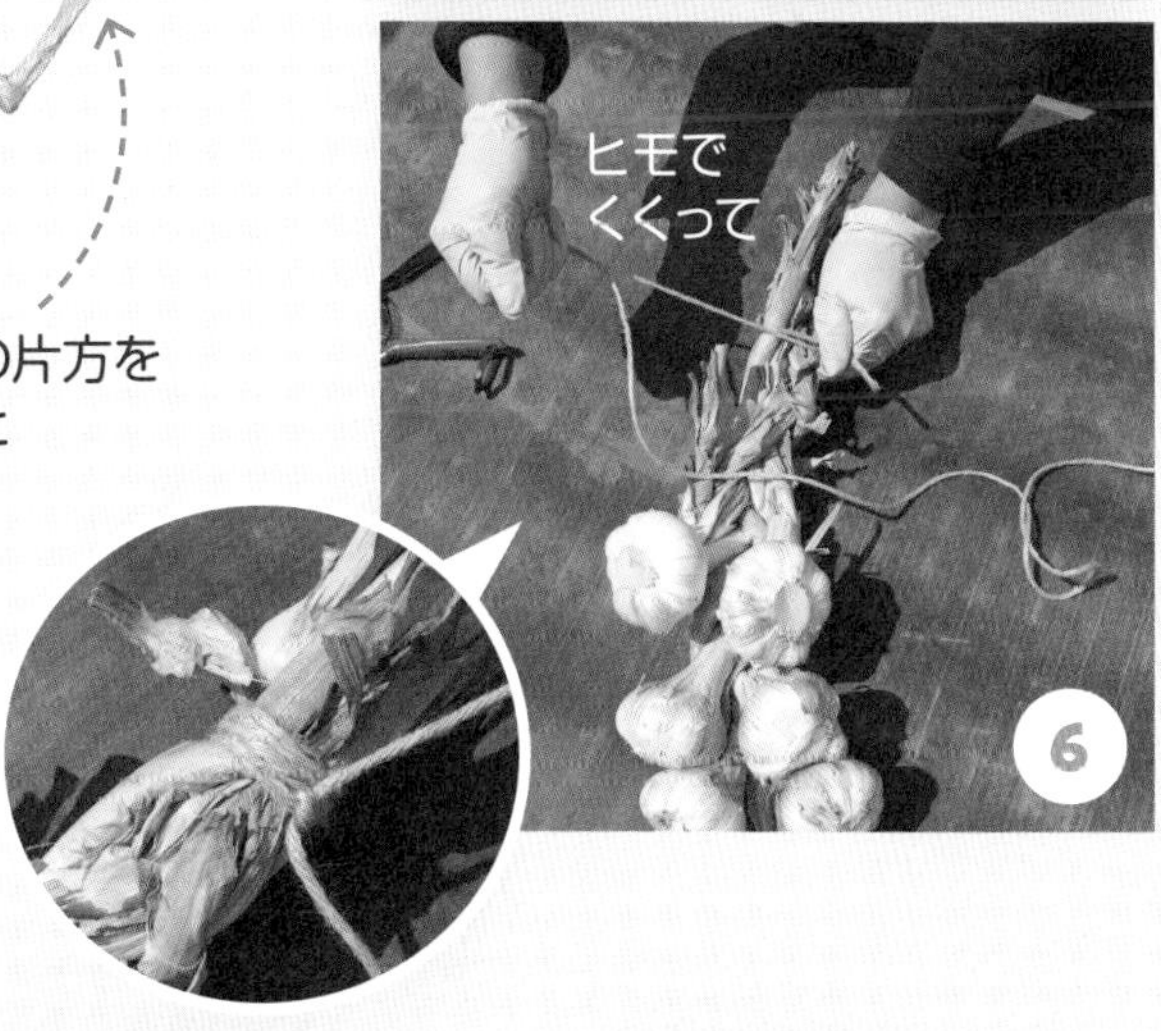

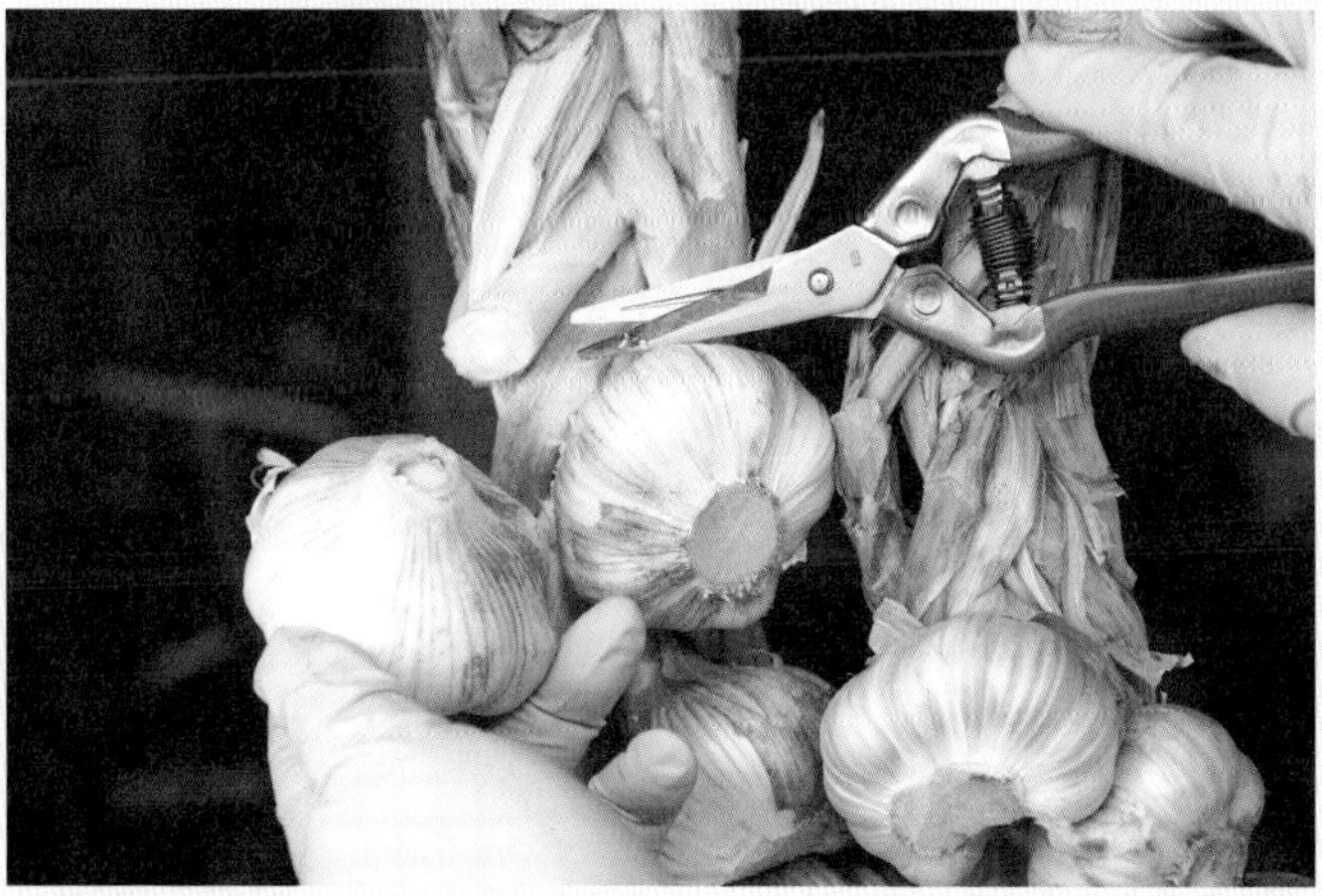

完成！
省スペースで干せる！
くくったヒモの片方を
輪っかにすると
飾る時に便利

10個
編んだら……

ヒモで
くくって
6

使う時はハサミで１個ずつカット。乾燥することで編み目がしっかり固まって、ハサミで切ってもばらけない

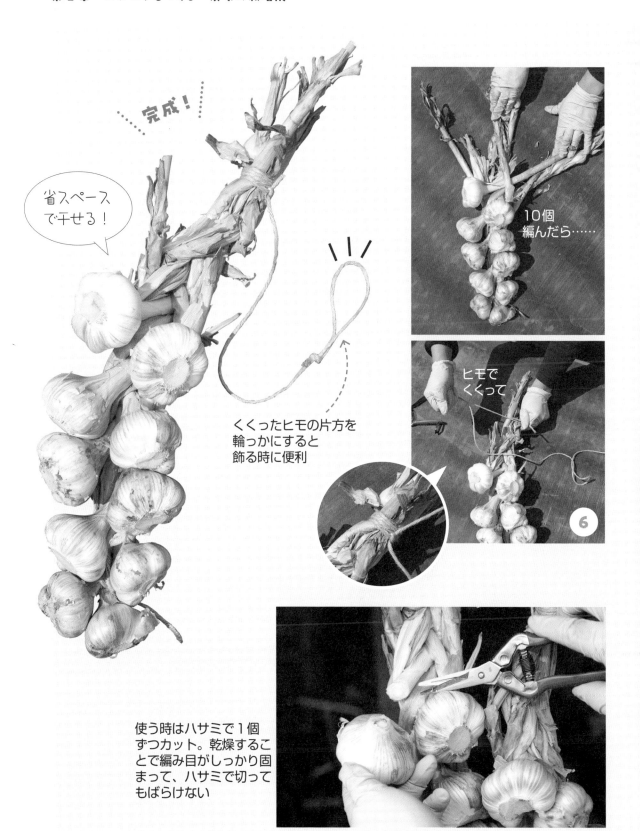

スプラウトにしたい

たった10日間でできるスプラウトニンニク

大分県大分市　和田則明さん

（文・写真：赤松富仁）

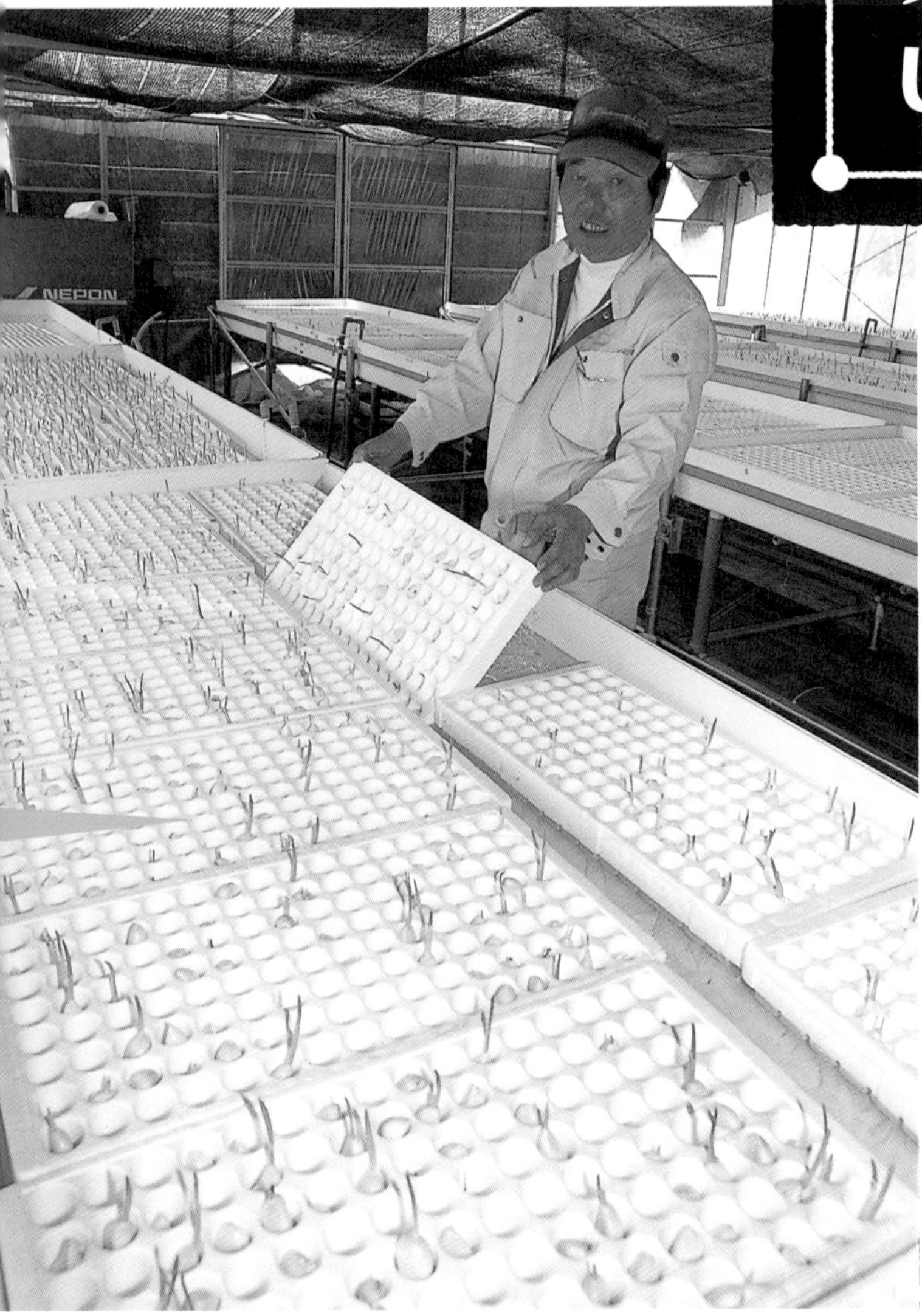

セルトレイを持つ和田さん。ベンチに地下水をプール状に貯め、その中に底に穴の開いたセルトレイを浮かべる。ここは地下水の水温が18℃ほどあるので冬も暖房がいらない。発芽が不揃いだが、撮影した４月上旬は不揃いになる時期

今回は大分市で「スプラウトニンニク」を周年生産する和田則明さんのハウスにおじゃましました。

スプラウトニンニクとは、ニンニクもやし。ニンニク（りん片）を水耕栽培して、芽を10㎝ほどに発芽させたもののことです。

和田さんは年間２００万鉢の花苗を出荷している、れっきとした花苗生産農家なのですが、息子さんが家業を継いだことや、長年やってきた受託生産にはない農業のおもしろさを味わいたくて、ニンニク栽培を始めました。

始めた当初は葉ニンニクの生産でしたが、そのうち、芽が10㎝ほど伸びたニンニクが欲しいと業者からの問い合わせがあったのです。渡りに舟ではないですが、施設はそのままで栽培期間が葉ニンニクの半分ですむスプラウトニンニクへ、栽培を90度変えたのでした。

＊

スプラウトニンニクは、葉ニンニクのほぼ半分の10日ほどで出荷できるという、ほかの野菜ではとても考えられ

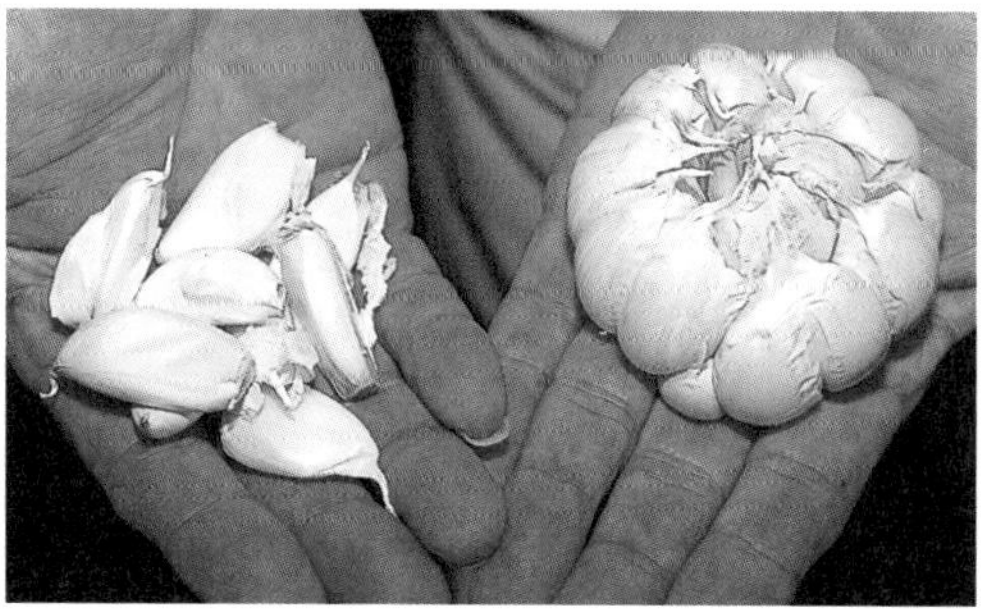

左の小さいりん片はスプラウトニンニクには使えない。1つのニンニクの球からクズがこれだけ出るが、これは味噌屋さんや餃子屋さんへ。原料は中国産でないと採算が合わないという

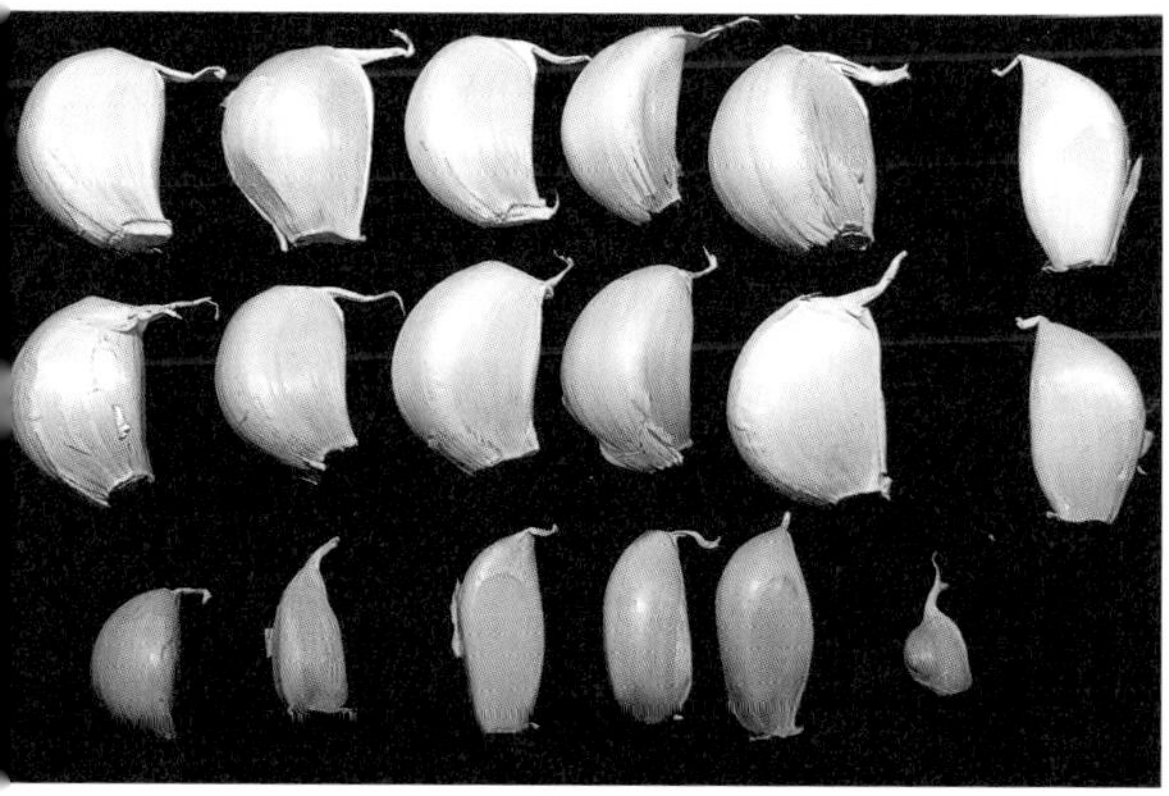

1つのニンニクの球をりん片で分けた。下の列はスプラウトニンニクには使えない

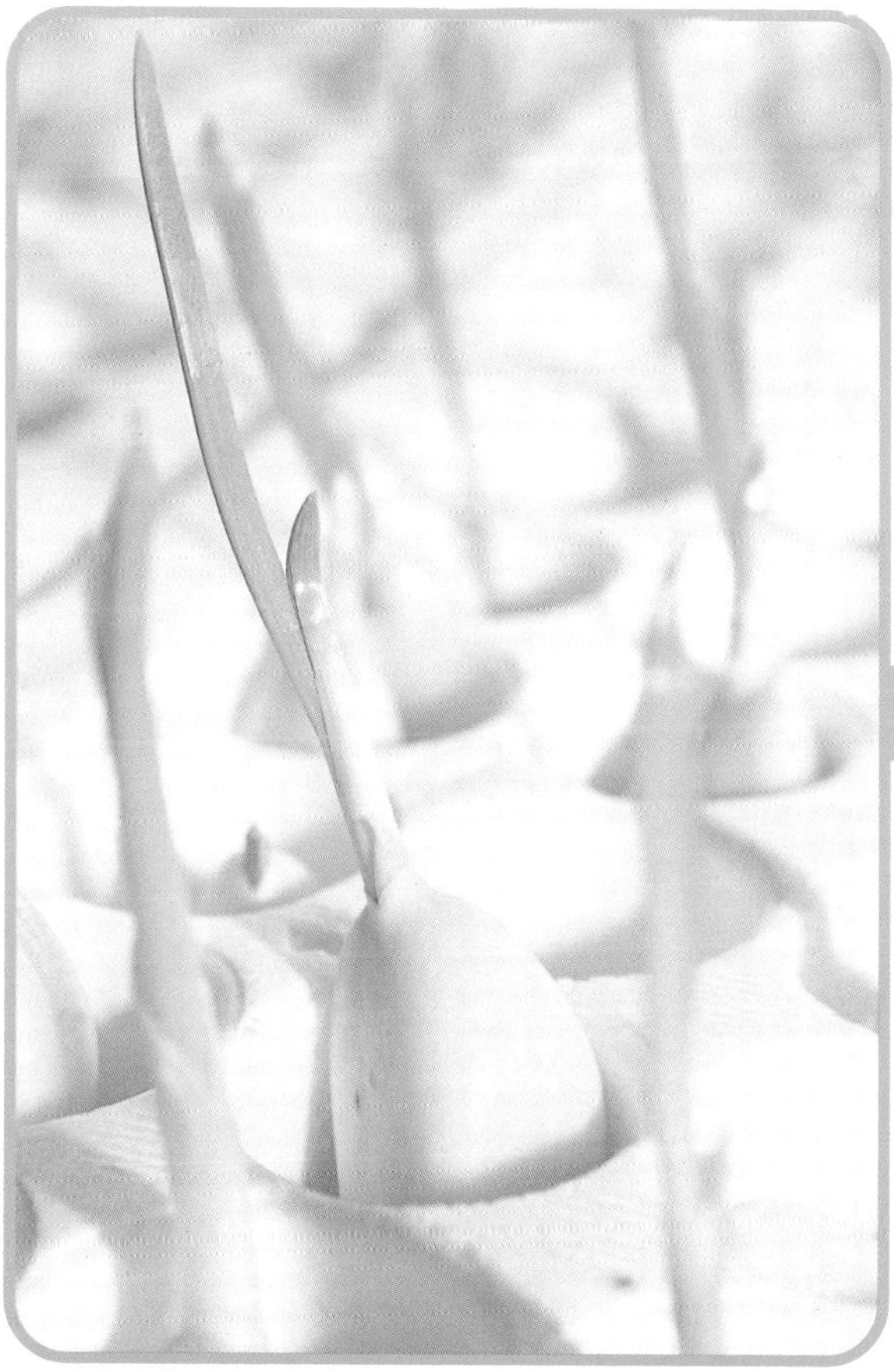

出荷直前のスプラウトニンニク。地下水だけで、肥料もクスリもかけず、10日ほどで出荷できる

ない生産効率。和田さんの顔もニンマリ。

もっとも、それをどうやって食べるのが一番いいのか、和田さんには思い浮かびませんでした。そこで注文主に料理法を根掘り葉掘り聞いてみると、根っこをつけたまま天ぷらにするのだといいます。さっそく知り合いの居酒屋さんに試しにメニューに入れてもらうと、「珍しい」とお客さんから評判がとてもよかったうえに、「一品増えた」とお店からも感謝されました。よし、と販売も、市場出しから直販に切り替えたのです。

＊＊

ところが、世の中そんなにうまい話が転がっているわけがありません。ニンニクの芽を出させずに貯蔵する技術の文献は多々あるのですが、〝いかに早く芽を出させるか〟なんていう、逆行する技術はどこにも見当たらず、自分で試行錯誤するしかなかったのです。

６月頃に収穫されるニンニクは普通、自然に貯蔵すると２月頃から休眠が破れて芽が出てきてしまいます。和

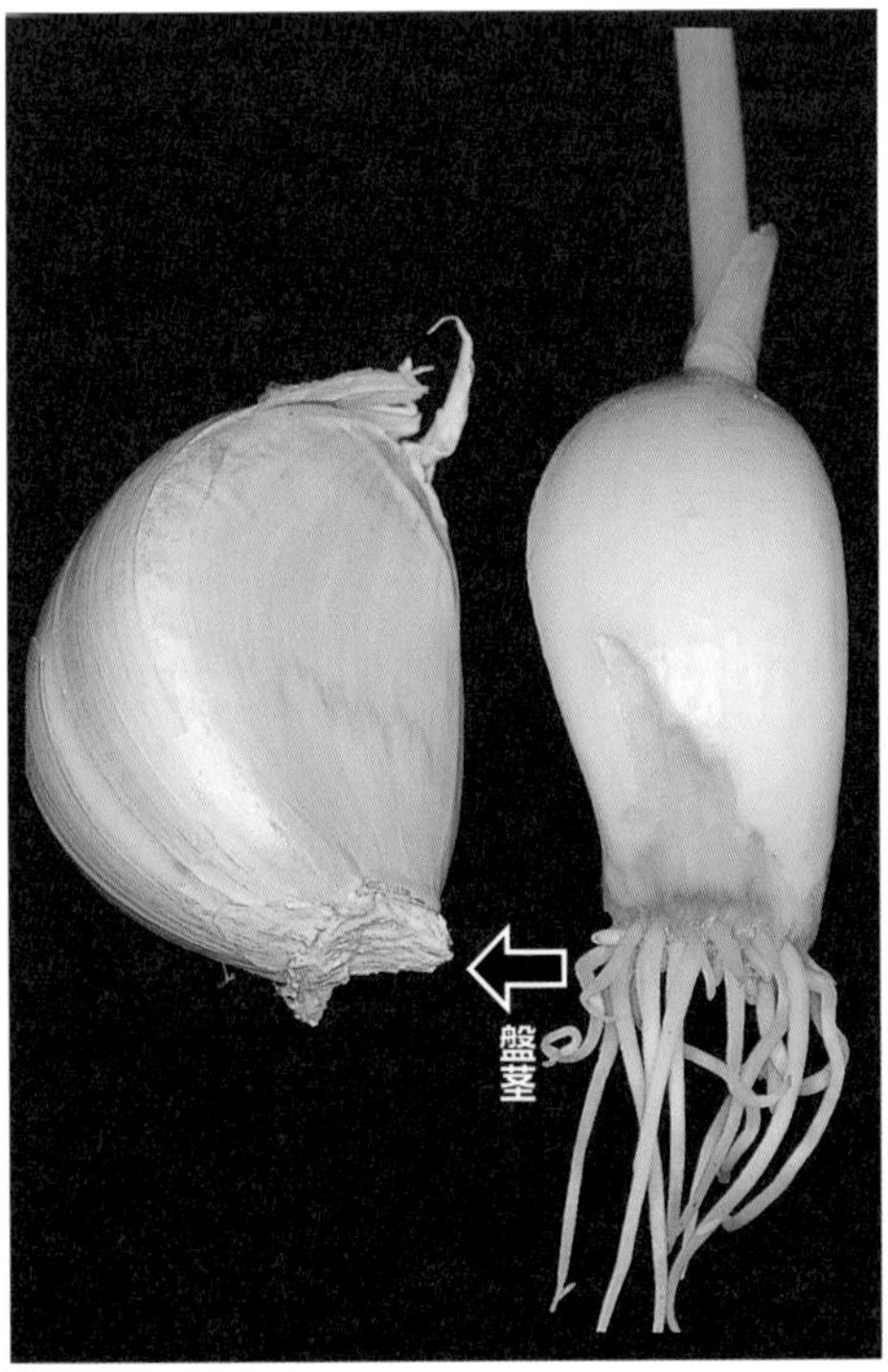

りん片を傷つけると、植え付けた時には分からなかったような細かい傷でも、生育中アザとなって出てくる

3月下旬頃からのものは割れるものが多く、秀品率は50％を割ってしまう。目下研究中！

田さんは、10月、11月頃の栽培については、ニンニクの休眠打破技術をマスターした結果、田植え後のイネのように芽吹きが揃い、90％以上の秀品率で出荷しています。しかし春がいけません。

2月に目覚めるはずのニンニクを3月、4月、5月と長く休眠させると、ニンニクはストレスを相当貯め込んでしまうらしく、3月後半からは秀品率が50％を割ってしまうのです。

この時期は、りん片から出る芽の揃いも悪く、なおかつ芽が出てくる時にりん片の中で新しい玉がふくらみ、出荷直前にりん片が割れてしまうのです。新しい玉がりん片の中で太る前に、いかに早く10㎝まで新芽を伸ばすか、今その技術を模索中です。

もう一つやっかいなことがあります。ニンニクを発芽・発根させるためには、りん片の皮を剥がして盤茎（上の写真）を取らなければいけないのですが、その時にニンニクの白い肌を傷つけると、肌があばたになったり茶色くシミが出てきたりしてしまうのだそうです。たった10日ほどの水耕栽培なのですが、大変なのです。

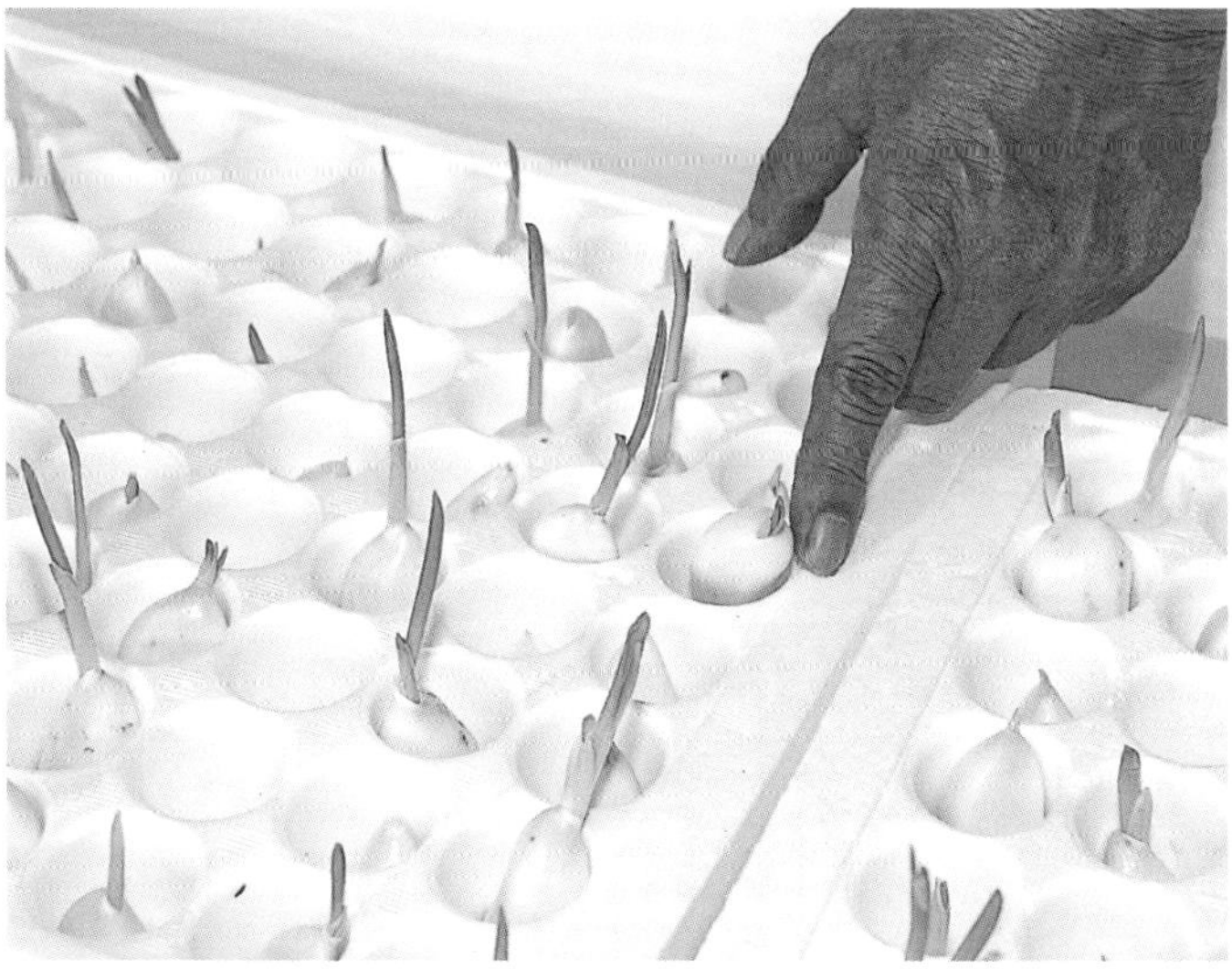

ここまで芽が出れば、あとはとても早く伸びる。指さしているもので明後日には出荷できる

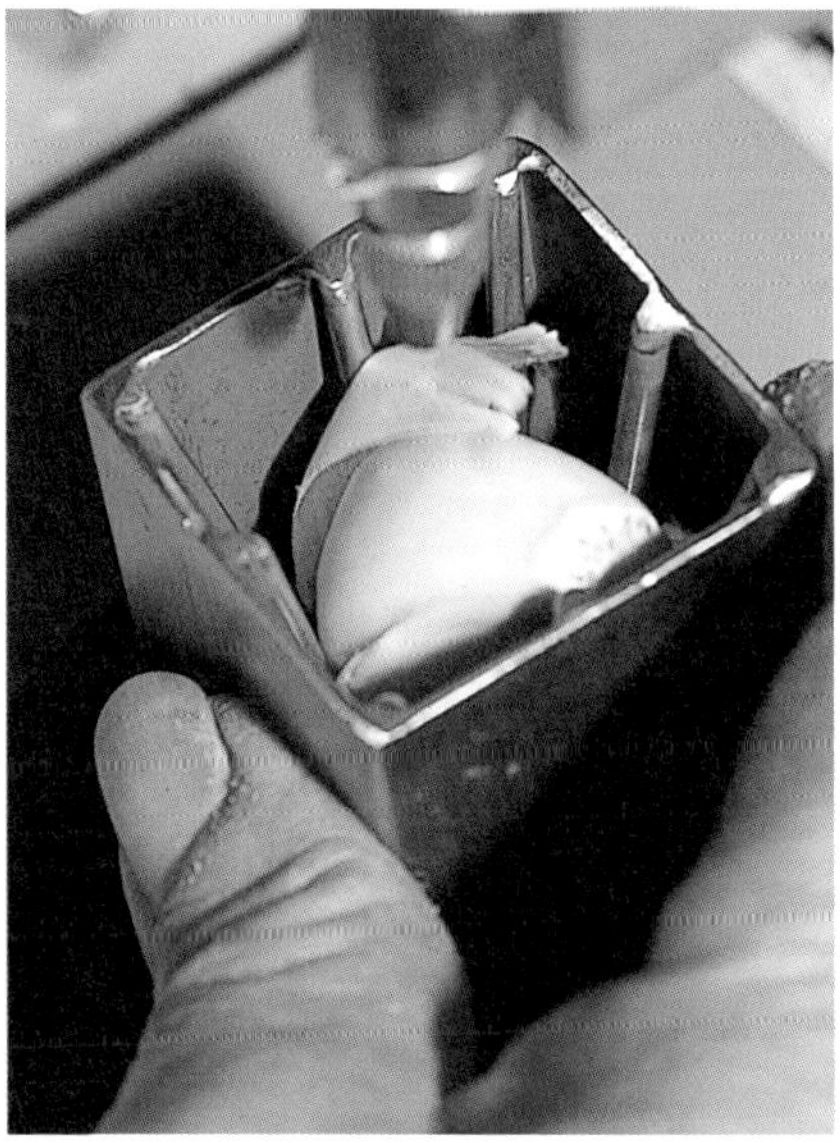

試作したりん片の皮むき機。圧搾空気を吹き付けると一瞬で皮は剥がれるが、強い空気で肌が傷つくことがある

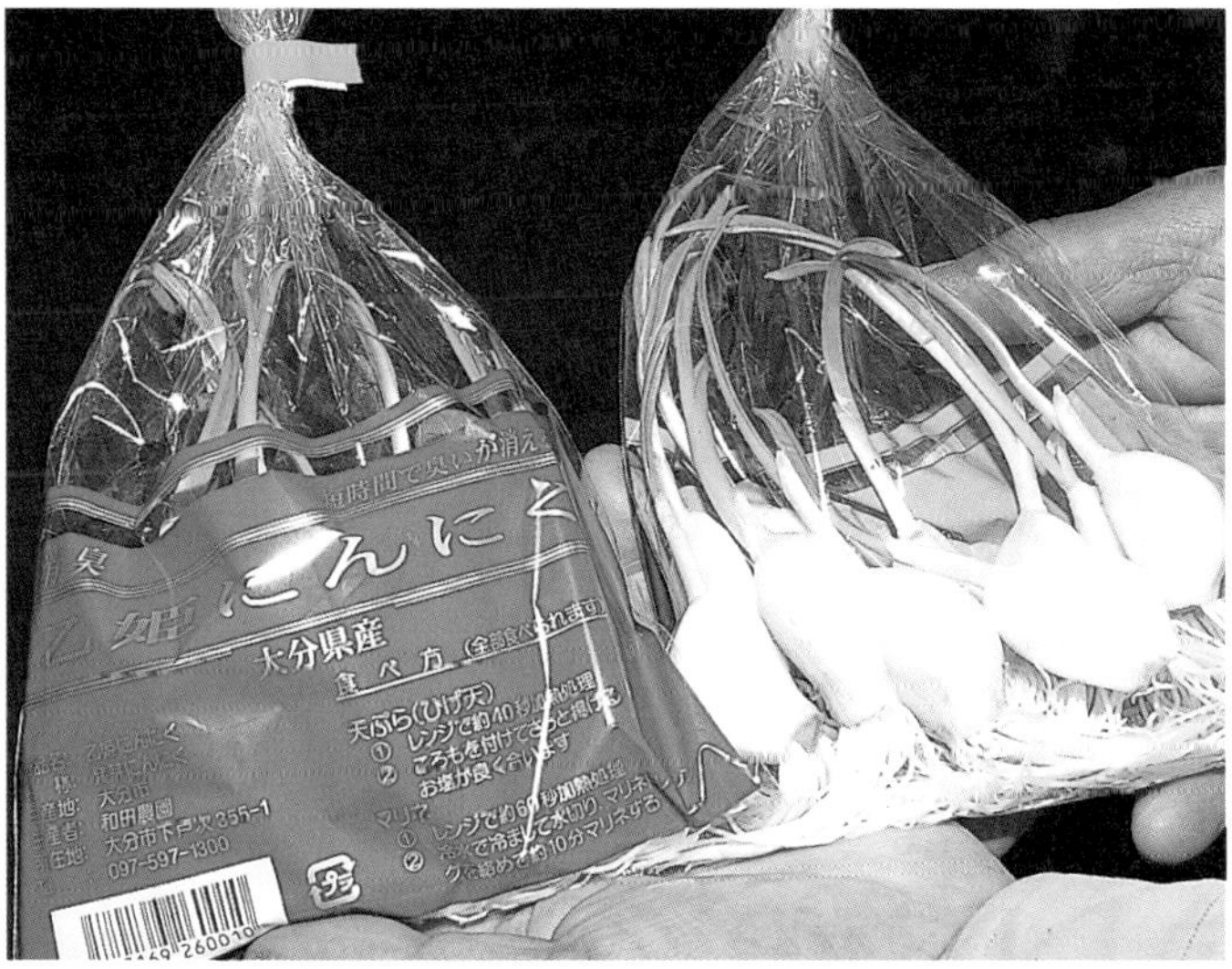

袋詰めされたスプラウトニンニク。袋詰めしても新芽は伸びるので、遠距離発送には収穫を早めて、短めの芽で出荷する

年間20ｔほど使うニンニクの皮むきと盤茎剥がしはすべて人海戦術。その技術的熟達も秀品率を上げるカギになります。今、和田さんはりん片の皮剥がし機を試作しているのですが、圧搾空気をニンニクの肌に強く当てただけでも肌があばたになり、その肌のデリケートさに驚いています。

＊＊＊

ともあれ、まだまだ試行錯誤の毎日が続きそうですが。ステーキの添え物としてとてもいいと、フレンチやイタリアンレストランから感謝の声。やあ！　一品料理が増えて、お客さんからも大好評ですと、居酒屋さんからも後押しされ、スプラウトニンニクの普及に飛び回っている和田さんでした。

ニンニクのうまい話 3

水耕栽培のニンニクは根もうまい

和歌山・花野仁志

普通のニンニクを1片ごとに水耕栽培で育てて新芽が5㎝くらい伸びた時点で収穫したもの。新芽のことをイタリア語で「チモロ」ということから、これをチモロニンニクと名づけました。

味や風味は普通のニンニクとほとんど変わりません。ニンニクの球よりも根のほうが少し優しい味わいで、根の栄養は球と同様にあるといわれています。

この根っこを活用した調理法をいくつかご紹介します。

（1）根っこのかき揚げ

根っこを5㎝くらいの長さに切り揃えてかき揚げにする。サクサクしてお酒もご飯も進みます。

（2）みじん切りにして薬味に

根を5㎜程度にカットし、カツオのたたきにまぶして食べる。これが最高。ニンニクスライスよりも、ニンニクのきつさがなく、まろやかでふわ～っとした味わいで大変おいしいです。そのほか、長さを切り揃えた根を肉で巻くほか、みじん切りにして肉炒め、野菜炒め、焼き飯に混ぜてもおいしい。いろいろな料理に使えます。

今の季節だと、球も根もまるごと鍋物の具にしてもいいですね。小学生、幼稚園児のうちの孫も、根まで食べられるチモロニンニクが大好きです。

（和歌山県有田市）

チモロニンニクの根っこのかき揚げ

チモロニンニク

栄養たっぷり！スプラウトで売る

福岡・乙村隆文

スプラウトニンニク栽培のようす。皮をむいてセルトレイに入れ底面給水する。１週間から10日で収穫できる

スプラウトニンニクのピザ。ほかに素揚げ、アヒージョ、天ぷら、パスタなどもおいしい

北九州市で農業と福祉事業を運営し、主にスプラウトニンニクを水耕栽培しています。

スプラウトニンニクとは、発芽直後の新芽があるニンニクです。ニンニクが発芽し培養液で生長を始めると、鉄分は普通のニンニクの9倍、カルシウムは8倍にもなります。

また、発芽の過程でアリシンの刺激が和らぎ、通常のニンニクと比べると、食べた後のニンニク独特のニオイが少ないのが特徴です。翌日を気にしてニンニクを食べるのを控えなくても大丈夫。しかも芽から根まで丸ごと食べられます。お客さんからは「皮をむかなくてもいいから簡単に調理できる」「普通のニンニクではお腹を壊すが、スプラウトニンニクは食べられた」といった反応をいただきます。

栽培のきっかけは、その取り組みやすさから、農業に関心を持ってもらう入り口として、新たな農業従事者の雇用につながると思ったからです。現在は高齢者やハンディキャップを持った方にも働いてもらっています。

（福岡県北九州市・一般社団法人おもやいファーム）

イネ カメムシに 自家製ニンニク&トウガラシエキス

愛知・山本雅敏

「カメムシに焼き肉のタレ」を実践

はじめまして。愛知県岡崎市で水稲を5haほど作付けしております。地方公務員で定年まで勤めた後、1haから水田耕作を始め、少しずつ受託する農地が増え今に至っています。

私の地域では、年に何回も除草剤を散布したり、作物を出荷する際に農薬を散布するよう指導を受けます。それに疑問を持っていたところ、環境問題に取り組む農家や市会議員のお話を聞き、私も安心・安全な作物をつくるためいろいろ勉強し始めたのです。

現在、米ヌカのボカシを散布し、温湯処理や塩水選、微生物殺菌剤を使って農薬をなるべく使わないようにしています。減農薬米、除草剤1回のみの米、無農薬米の3種類を作付けしております。

減農薬稲作での一番の難点は、除草とカメムシ害です。農薬を使わない水田はとくにコナギがはびこります。食酢をまいたり生ヌカを牛乳で発酵させて散布したり試行錯誤の真最中です。

カメムシによる斑点米は玄米用、白米用の色彩選別機を別々に導入して対応していますが、かなりのロスになります。

焼き肉のタレをカメムシが嫌うと知り、さっそく何種類か買い求め、背負い動噴で散布しました。モミすり後になにかいつもと違うと思いながら色選をとおしてみると、被害米が少なく感じました。

右手にニンニクエキス、左手にEM菌液を持つ筆者

ニンニク&トウガラシエキスの作り方

材料

ニンニク（50粒ほど）、トウガラシ（両手いっぱい分）、水

作り方

❶ニンニクを粒にばらして薄皮をむき、ジューサーにかけてつぶす。

❷つぶしたニンニクとそのままのトウガラシを5ℓの焼酎ペットボトルにそれぞれ入れ、いっぱいに水を注ぐ。

❸常温で1カ月ほど置いて完成。

不織布で濾したニンニクエキス、トウガラシエキスを同量で混ぜ合わせ、300～500倍に希釈して背負い動噴で散布

ニンニク・トウガラシで減農薬防除

ニンニクにはアリシン、トウガラシにはカプサイシンやサポニンなどの含硫黄化合物が含まれており、これらに殺菌作用がある。害虫の忌避、殺虫などにも広く使われる

ニンニク&トウガラシ液でも効いた

おそらく焼き肉のタレの中に入っている香辛料がカメムシに作用したのではないでしょうか。タレの値段が結構するので、翌年は自分で作ってみることにしました。以前使っていたストチュウ（酢と焼酎、木酢液を混ぜたもの）のように、自家用で作っているニンニクとトウガラシをそれぞれ水の中に入れてエキスを抽出します。1カ月ほど置いた後、使う時に2種のエキスを同量で混合し300～500倍に薄め、出穂して15日ほど経ってイネの頭が垂れてきた頃に散布します。結果としてカメムシが逃げていき、斑点米も半分以下になったと思います。22年は焼き肉のタレが残っていたので併用しましたが、今年はニンニク&トウガラシエキス一本でいくつもりです。

（愛知県岡崎市）

イチゴ
ニンニクがアブラムシ・ハダニ対策になる

東京・齋藤貴彦

イチゴ側のウネの側面にはマルチの代わりに防草シート。草は手で取る

イチゴとニンニクの植え方

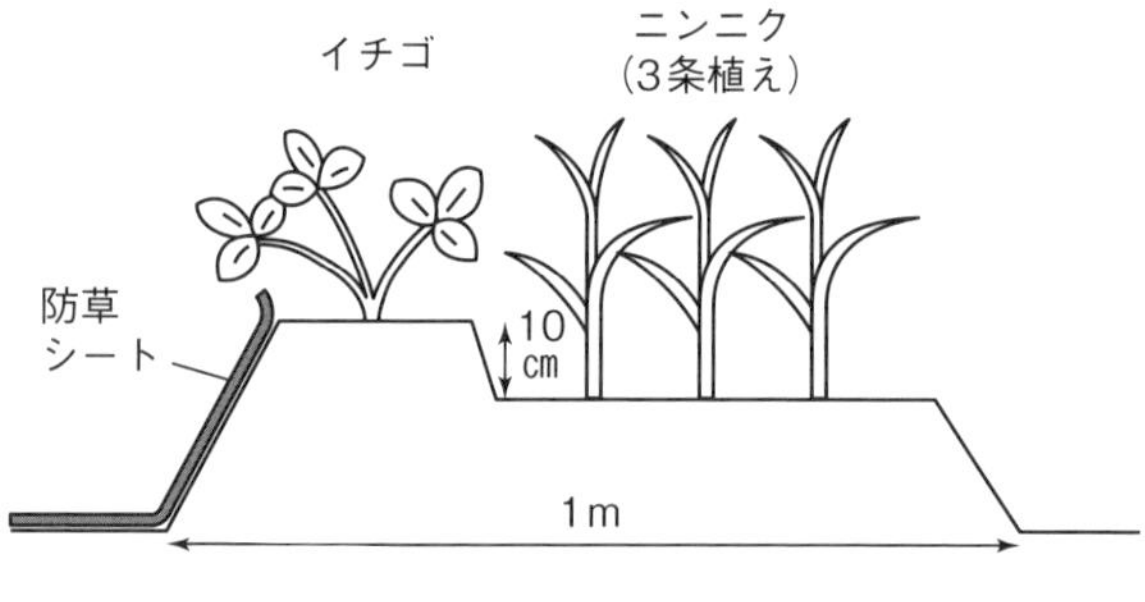

一昨年まで26aの畑を細々と続けてきました。しかし最寄り駅は新宿駅から急行で約20分、その駅から2～3分という立地条件です。土地の評価額が高くて相続税に立ち向かえず、泣く泣くほとんどを手放すこととなりました。現在はせめてもの農家の矜持として、0・3aの家庭菜園程度の面積でも、多品目の栽培で農産物の年間販売金額20万円程度を維持しています。

イチゴは長いことやめていましたが、5年ほど前から作付けています。その際に、何年か前の『現代農業』でイチゴの隣にニンニクを植えるとよいと書いてあったのを覚えていたことから、なんとなく植えてみたのがこの栽培法の始まりです。

イチゴの品種は、現在は東京おひさ

まべリーを30株、まんぷく2号を20株。その隣に、京都の直売所で何年か前に購入してからタネにしてつくり続けているニンニクを植えています。確か「平戸」と言っていたと思います。イチゴとニンニクは同じウネに植わっていますが、果実を垂らすイチゴ側は10㎝程度高くしています。

植えるのはどちらも10月上旬。収穫はイチゴが4月下旬から6月、ニンニクが5月中下旬です。ニンニクを収穫する時にイチゴの根を傷めないよう隣に植えています。

これによって次のような効果がありました。

一般にまんぷく2号の収穫時期は5月中旬以降が目安との説明が多いですが、それよりも約1カ月早まります。

いずれのイチゴもアブラムシやハダニがまったく見られません。ニンニクを植えていなかった頃はイチゴの新芽にアブラムシが固まっていた記憶があります。しかし5年ほど前にニンニクの混植とともに再開してから被害はありません。ただしニンニクのほうにはアブラムシがついています。

ニンニクは暖地性の在来品種なので、もともとあまり大きくならないのですが、イチゴの隣で栽培するといっそう大きくならない気がします。でも、ニンニクとしては十分利用できます。

（東京都小平市）

ハウス両端のウネにニンニクを植えて、モグラの嗅覚を突く

熊本・吉永智紘

約20aの5連棟ハウスでイチゴを育てています。以前はウネ間の通路をモグラが横断。イチゴの根が切られ、生育に影響が出ていました。また、ウネが壊されて土が通路側に崩れ落ち、72mある通路のほとんどがデコボコ。毎日の収穫や手入れ作業の際、台車をスムーズに動かせずに困っていました。

3年前、近所のイチゴ仲間から「ニンニクがモグラに効く」という話を聞き、さっそく試してみました。

植える種ニンニクは2㎏。これを1片ずつにばらして使います。ハウスの東西両端のウネに黒マルチをし、それぞれ1条、株間50㎝で、5㎝ほどの深

ハウス東西の端に合計288本のニンニクが植わる。モグラの被害はニンニクのウネだけで止まるので、イチゴのウネはきれい。北は舗装道路、南は用水路に面しており、モグラは入ってこない

ハウスのすぐ隣の空き地はモグラの穴だらけでも、イチゴのウネの被害はほぼゼロ

さに押し込みます。

今年で3年目になりますが、すばらしい効果です。両端のニンニクのウネまでは、多少モグラの害が出ますが、その内側、イチゴのウネと通路の害はほぼゼロです。ハウスに入ったモグラがニオイを嫌って撤退するのだと思います。通路はまるで舗装道路のようにきれいで、台車がスムーズに通せます。イチゴの根の被害もまったくありません。

ニンニクは、植えてから収穫までの間、水やりも追肥も手入れもいりません。ハウスの端のウネなので、外からの水分だけで十分育つようです。収穫後は黒ニンニクにしたりして活用しています。

（熊本県和水町）

第3章
ニンニクを食べる

黒ニンニクの作り方あれこれ

りん片はバラして詰める

香川・細原邦明

黒ニンニク。１袋（100g）800円で販売

ネギ属の作物を栽培して20年になります。中近東を旅行した時、古代エジプトピラミッドの石工、人夫の1日の給料がニンニク1玉だったと聞いて驚き、定年退職後に栽培を始めました。

ニンニクには薬理作用のあるアリシン、スコルジニンが含まれています。すりおろしたり焼きニンニクにしたり、利用方法はさまざまですが、毎日摂取することで妙薬となります。

昭和ヒトケタ男が元気に農業をできるのもニンニク、タマネギを生食しているおかげであると感謝しています。また、ニンニクを長時間加温・蒸し込んで黒ニンニクを作り、これを毎日、朝食時に2〜3片食べています。

２０１０年より黒ニンニクを直売所などで販売しています（地産地消の六次産業化）。ねっとりして甘いお菓子風の黒ニンニクは、多くのお客さんに愛用されるようになりました。

黒ニンニクの作り方

黒ニンニクの作り方を紹介します。

必要な機材

市販されている、一升炊きの電気炊

ニンニクの仕込み方

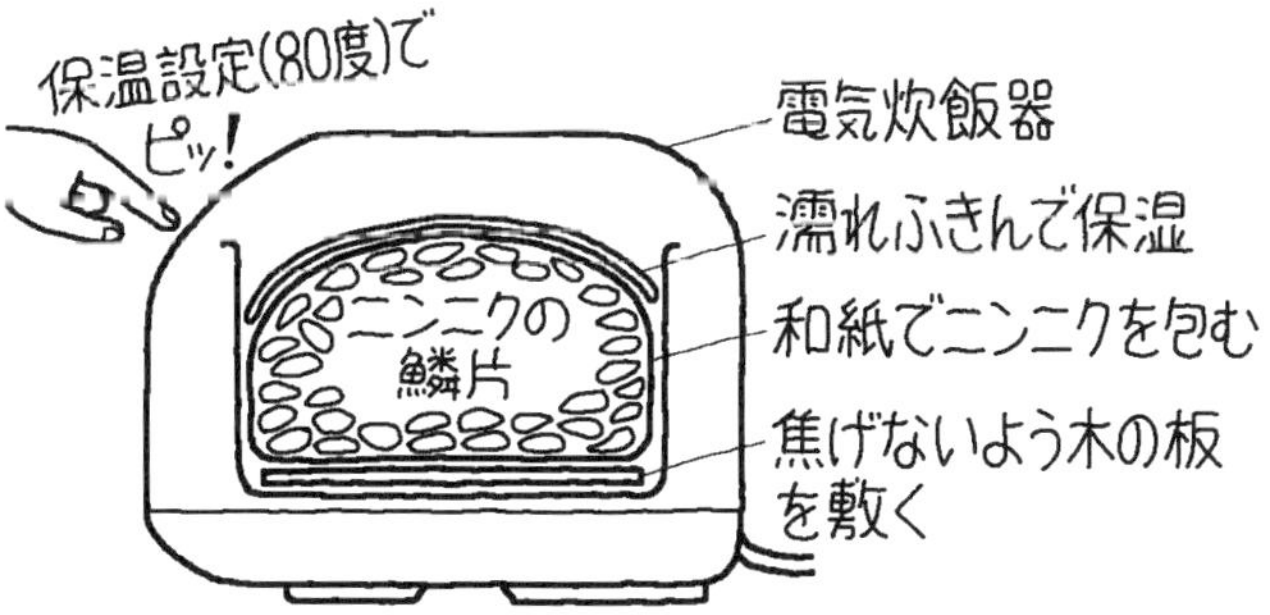

ニンニクは１～２ℓが最適。必ずりん片にバラしてから、隙間なく詰める。一升炊きの釜に約３kg入る

飯器を用います。保水能力がない保温専用の電気ジャーは不適です。

そのほか、厚さ1cmくらいの木の板（電気炊飯器の釜の中に敷く）、良質の和紙、ふきん、毛布が必要です。また、ニンニクの乾燥・貯蔵にキャリー（コンテナ）、平型乾燥機、電気乾燥機（静岡製機のＤＳＪ－７－１）、野菜貯蔵庫を使っています。

収穫から乾燥

５月頃、収穫したニンニクをウネの上で１～２日天日干しします。干したニンニクの土を落として、茎を５cmぐらい残して切り、根もすべて切り落とします。それをキャリーに入れて平型乾燥機（15キャリー入る）でまた１週間乾燥します。

表皮が乾燥してから専用ナイフで根元を剃り落とし、表皮１～２枚をむいで、平型乾燥機に戻して保存します。

適宜、必要なニンニクを取り出し、りん片に分けてから電気乾燥機（50℃）で１日乾燥させます。ニンニクの発芽期はとくに、平型乾燥機よりも電気乾燥機でしっかり加温することが重要です。

なお、丸ニンニクのまま黒ニンニクにすると、上質に仕上がりません。りん片には大小あり、おんぶりん片（根元に小さいりん片が１～２つ付いている）もあるので、均一な黒ニンニクができないことがあります。

仕込みと熟成

仕込み方は上図のとおり。保温期間は２週間を目安にして、その間１～２回攪拌すると最高です。

臭気があり、近隣に迷惑をかけない環境で加工することが大切です。私は炊飯器を作業場の中に置いています。

冬場はとくに、均一な保温が必要です。外気温が15℃以下になる時は、竹カゴやキャリーを炊飯器にかぶせ、上から毛布やドンゴロス（麻袋）で覆っておきます。

仕上がり後の乾燥

仕上がったらすばやく箱かムシロに広げて１日天日干しし、野菜貯蔵庫（12℃）に入れて保存します。貯蔵庫がない場合、とくに夏場は冷凍庫に入れておくことをおすすめします。

（香川県まんのう町）

炊飯器に炭を敷いて、ベチョベチョを防ぐ

広島県東広島市　松田英夫さん

自家製の黒ニンニクを手にする松田英夫さん。毎日食べ続けるようになって、疲れていても翌朝の目覚めがよくなった（写真はすべて田中康弘撮影）

生ニンニクも料理などによく使うので、1片ごとに分けてからビニール袋に入れて冷凍保存している

黒ニンニクで年中楽しむ

「今はいろんなところでも売っちょろうが、買うたら高いんよねえ。自分で作りゃあカネはかからんし、炊飯器さえありゃあ簡単にできるんよ」と話すのは、自宅で黒ニンニクを作るようになった東広島市の松田英夫さんだ。

　もともとニンニクが大好きで、以前から家の前の畑で、ホワイト六片とジャンボニンニクの2種類をつくり、自家用に楽しむほか、地元の直売所にも出荷していた。ニンニクはそのまま焼いて食べてもおいしいし、すりつぶして薬味にしたり料理に使ったりと重宝する野菜だ。

　ただし、保存が課題だそうで「生のままじゃと芽が出てしまいよるけん、どうしたって年を越すことはできんのよね」と松田さん。長くとっておきたい時は、1片ずつ皮をむいた状態でビニール袋などに入れ、冷凍や冷蔵で保存する。

　だから、黒ニンニクは味や食べやすさはもちろんだが、保存のしやすさもあって作り始めた。実際、常温でも年中手軽に楽しめるし、冷蔵すればとて

収穫したジャンボニンニク。ジャンボニンニクでも黒ニンニクを作る。ホワイト六片よりも甘みが薄く、あっさりした味に仕上がる

ジャンボニンニクの畑。ニンニクは肥料食いなので植え付け前に牛糞堆肥をたっぷりと入れる

も長く保存できるところが気に入っている。

ベチョベチョ対策に炭の下敷き

黒ニンニクは使い古した炊飯器で作るが、底にバーベキュー用の炭を数本置くのが松田流だ。

炊飯器にニンニクを入れて7〜10日ほど保温を続けるとニンニクからたくさんの水分が出る。これを下に敷いた炭が吸ってくれるおかげで、黒ニンニクがベチョベチョになりにくく、炊飯器も汚れずに済むそうだ。作っている間に炊飯器から強烈なニオイが漂うものだが、それも多少和らぐらしい。知人から教わった方法だが、今では必ず炭を敷いて作っている。

炭は入れ替え不要で何度も繰り返して利用できる。炊飯器に入るニンニクの量は炭の分だけ減ってしまうが、自家用に作るだけなので十分なのだ。

肥料たっぷりで育てる

栽培では多肥がポイントだそうだ。主力の水田80〜90aの米づくりでは、一発肥料は一切使わず、イネのようすを見ながら「必要な分だけを必要な時に」施すのが肝心という松田さんだが、ニンニクは別。

「ニンニクは肥料食いじゃけえ、植え付ける前に牛糞堆肥をたーっぷり入れてやるんよ。だいたい50mのウネ1本に40ℓくらい。さらに年が明けたら同じくらいの量を2回に分けてやる。ニンニクは肥料をくれすぎてダメということはないからとにかくたっぷり、これが大事」

例年どおり、今年も去年の10月に定植したニンニクが5月末に収穫できた。できもまずまずで、田植えも無事終わったので、さっそく黒ニンニク作りに取りかかり始めたところだ。梅雨が始まるころからは「刈っても刈ってもエンドレス」な畦畔の草刈りがしばらく続くそうだが、松田さんは黒ニンニクを食べて乗り切るつもりだ。

※松田さんの黒ニンニクの作り方は次ページから。

松田さんの黒ニンニクの作り方

準備

黒ニンニク専用の使い古した炊飯器または保温ジャー（5合用）。家の横にある作業場で作っている

収穫したニンニクはハウスで2～3日乾燥させておく

1 炭を敷く

底に敷いたバーベキュー用の炭。保温中にニンニクから出る水分を吸い取り、ベチョベチョになるのを防ぐ

2 ニンニクを玉ごと入れる

炭の上にキッチンペーパーを敷き、その上に外皮だけむいたニンニクを玉ごと重ねながら、炊飯器の８分目くらいまで入れていく。ジャンボニンニクで作る場合は１片ずつにばらして入れる

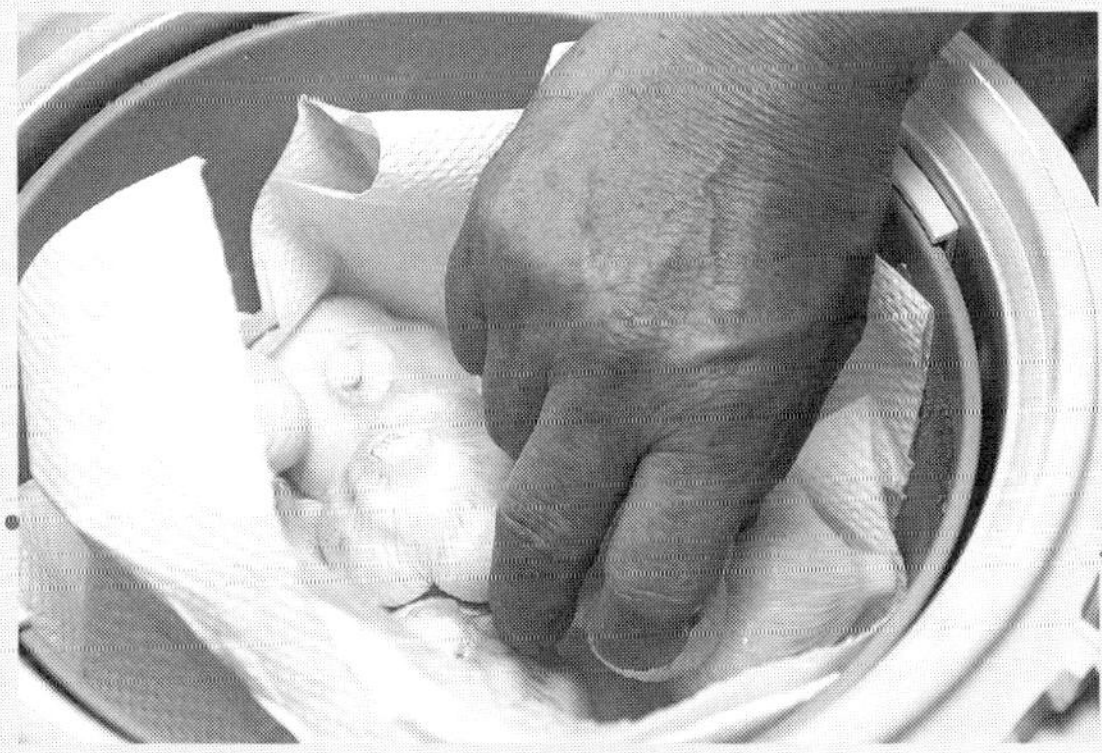

3 10～14日保温する

キッチンペーパーでふたをする。この状態で、炊飯器のふたを閉めて１０～１４日保温する。途中３～４日したら一度開けて、ニンニクの上下を入れ替える。キッチンペーパーも水分を吸っているので交換する

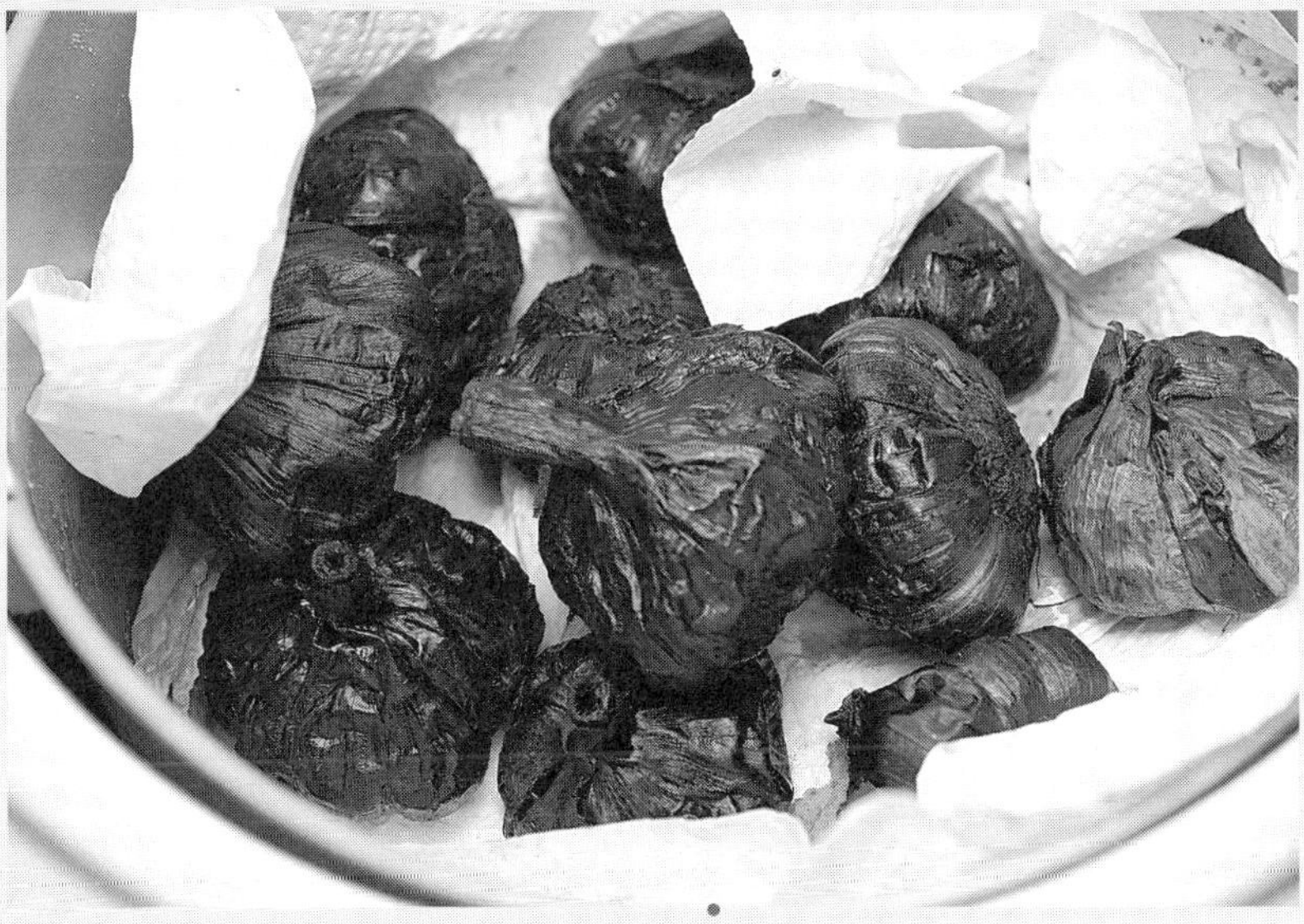

4 7日目以降は味見

７日目以降は開けて味見をしながら、中まで十分黒く、ちょうどよい硬さになったら取り出す

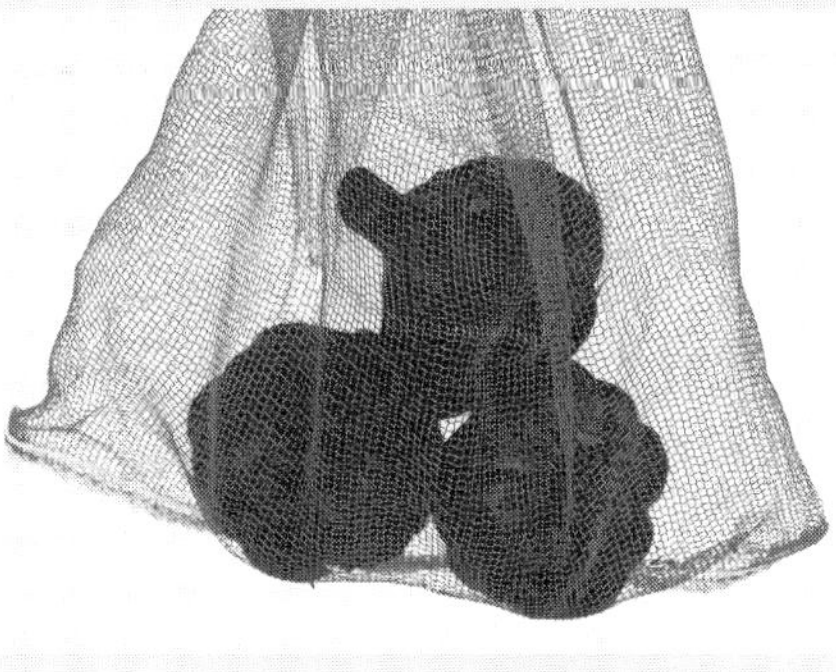

5 乾燥は網の袋で

網の袋に入れて、日陰に吊るして乾燥させたら完成

米酢に漬けて塩こうじをまぶす

宮城・佐藤輝子

たくさん作ってパックに小分けにすると人にもあげやすくて便利
（高木あつ子撮影）

1片ずつに分けて炊飯器に入れる

夫の退職を機に、夫の実家がある登米市に移り住みました。工房を開いてエコ染色に取り組む傍ら、体によいものを自分で育てたいと、自家用野菜の栽培やジャム作りも楽しんでいます。ニンニクも自分で育てています。収穫したら、一升炊きの炊飯器を使って黒ニンニクを作ります。

　私の作り方は左ページのとおり。炊飯器に入れる前に、ニンニクの皮をむき、1片ずつに分けること。米酢に一晩浸けること。塩こうじをまぶすこと。どれも私なりの工夫です。

常温で長く保存できる

臭み消しや旨みづけになるかもという思いつきでしたが、実際に米酢と塩こうじを使うと、黒ニンニクのニオイが抑えられ、旨みも増します。酢の殺菌効果でしょうか、常温保存でも半年以上は、ツヤツヤとして軟らかいまま。あらかじめ皮をむいて一片ずつに分けてあるので、サッとつまんで気軽に食べられます。毎日少しずつ食べ続けたら血液もサラサラになりました。たくさん作って、友人におすそ分けしていますが「ほかの黒ニンニクと違う」「毎年欲しい」と喜ばれています。

　なお、素手で大量のニンニクの皮をむき続けると、火傷のようになってしまうので、必ず手袋をします。また、酢はいろいろな種類を試しましたが、米酢以外はアクが出たり、味がよくありませんでした。

（宮城県登米市）

末時さんの黒ニンニクの活用アイデア

福岡・末時千賀子

昔よりニンニクが身近になった

私は20歳で、6人兄弟の長男のもとに嫁ぎました。何かにつけて家族が大勢集まり、多い時は40～50人になることもありました。家族が集まると、すべて私の手作り田舎料理をふるまいます。ただ、最初はニンニクを使う料理はあまり得意ではありませんでした。

その後、料理のレパートリーが増えて中華料理を作るようになると、私もよくニンニクを使うようになりました。また、最近では焼肉も一般的になりましたが、そのタレにもたくさんニンニクが使われています。昔と違ってニンニクを常備する家庭も増えているように感じています。

私が料理好きなことを知る近所の農家が、毎年たくさんのニンニクを届けてくれます。私はそのまま焼いたり、唐揚げにしたりする以外に、ニンニクが新しいうちに醤油漬け、味噌漬け、

米酢と塩こうじを使った黒ニンニク作り

❶ニンニクを一片ずつに分け、薄皮をむく。

❷ニンニクをポリ袋などに入れ、ニンニクが浸かるまで米酢を注ぎ一晩置く。

❸ニンニクを取り出し、ザルを使って酢をよく切る。(残った酢は忌避効果を狙ってモグラやネズミの穴に注いでいます)

❹炊飯器の内釜にニンニクを入れる。ニンニクの量は自由だが、炊飯器のふたが閉められる程度が上限。

❺ニンニク全体によくまぶせるだけの塩こうじを加える。手で混ぜてよくまぶす。

❻炊飯器にニンニクが入った内釜をセットし、「保温」スイッチを押す。

❼「保温」状態で2週間加温を続けたら完成。ニンニクを取り出す。まだニンニクに水分が多く残っている時は、ザルで乾かす。

カチカチを軟らかくする

カチカチになってしまった黒ニンニクは、ハチミツに日本酒または焼酎を加えたものに漬けておく

軟らかくなった黒ニンニク。ハチミツや日本酒の風味も加わった一味違う黒ニンニクとして楽しめる

皮も捨てずに活用する

ニンニクの栄養は皮にもあるといわれる。黒ニンニクを作る時に残る皮も捨てずにお茶で楽しむ。細かくせずにむいたままの状態でお湯を注ぐ

筆者。毎年たくさんの黒ニンニクを自作。そのまま食べるだけでなく、工夫を凝らしてとことん楽しむ（写真はすべて戸倉江里撮影。14ページも併せてご覧ください）

紅梅酢漬け、黒砂糖入りの焼酎漬け、ハチミツ漬けといった方法で保存しています。いろいろな料理に使えて便利です。ハクサイの季節になるとニンニクをたっぷり使うキムチ作りも忙しくなります。

黒ニンニクとの出会いは道の駅

何年か前に偶然道の駅で黒ニンニクを見つけました。何でもすぐに自分で作ってみたくなる私は、さっそく作り方を調べてみました。すると炊飯器で簡単に作れると知りました。

ただ、わが家では結婚して以来、ご飯を炊くのは鍋ばかりで、炊飯器を持っていませんでした。かといって、黒ニンニクを作るためだけに、新しい炊飯器を買うのはもったいない。そこでリサイクルショップを探したら、5合炊きが500円で売っていました。これを買ってしばらく作っていましたが、その後、友だちがいらなくなったと2台譲り受けたので、今は3台の炊飯器で黒ニンニクを作っています。

ニンニクはどうしても苦手で、どんなに工夫しても臭いからとか、食べる

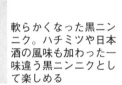

食材の一つとして黒ニンニクを料理に使う。いちおしは黒ニンニク入りチャーハン。刻んで加えるだけで風味が増す

と胃の調子が悪くなるといって受け付けない人がいます。でも、できあがった黒ニンニクは、ネットリして甘みがあり、生のニンニクほどニオイも強くなく、食べても胃に優しいみたいなので、こういう方にも黒ニンニクならよさそうです。

カチカチ、ベチョベチョも活かす技

黒ニンニクを何度も作るなかで、ベチョベチョになったり、逆にまるでヤブツバキのタネのようにカチカチになったりと失敗もありました。

どちらも捨てるのはもったいないので、カチカチのものは粉末にしてみようとトンカチで叩いてみたり、ミルにかけたりしてみましたが、うまく粉末にはなりませんでした。仕方ないのでハチミツに漬けてみましたが、これも軟らかくなりません。そこで、さらに焼酎や酒も注ぎ足してみたら、何日か後に軟らかくなり、おいしく食べることができました。

ベチョベチョのものもいろいろと使えますが、とくに作ってよかったと思うのは黒ニンニクバターです。ニンニクをフォークなどでつぶしてペーストにしてから、バター、塩、コショウを少々入れて練り上げるだけです。パンやゆでたジャガイモにつけて食べたり、パスタの味付けに使ったりいろいろと役立ちます。あるいは、ベチョベチョの黒ニンニクを、バットに広げてラップなしで冷蔵して硬くするという手もあります。

（福岡県香春町）

私の黒ニンニクの作り方

使うのは炊飯ジャーの保温モード。ジャーの底にはクッキングペーパーを敷く。ニンニクは写真のように１片ずつ入れることもあれば、玉ごと入れることもある。ジャーのふたに付いた水滴がニンニクに垂れないように上から布巾を１枚かけてから、ジャーのふたを閉めて保温。２～３日置きにようすを見て上下を入れ替えながら10～14日で取り出し完成。

すりつぶしニンニクで黒ニンニクパウダーを大量に作る

青森県十和田市　福澤秀雄さん

ラップでくるんで保温

青森県十和田市で和牛と稲作中心の経営を続ける福澤秀雄さんは、炊飯器を使わずに大量の黒ニンニクを作る方法を考案した。

使うのは食品用の乾燥機だ。まず、生のニンニクをミキサーなどで細かくすりつぶす。これをトレイなどに入れ、ラップでくるむ。ラップには10㎝ほどの長さに切ったガムテープを2カ所ほど貼り、その上からカッターナイフで切れ目をつけておく。

トレイを乾燥機にセットして設定温度80℃で4日間加温。さらにスイッチを切って1日置いて自然に温度を下げる。温度が下がるとトレイの中の空気が抜け、ラップがニンニクに密着する。この状態でラップを破って切れ目を大きくし、さらに7～8日設定温度80℃で加温して乾燥させる。

福澤さん曰く「4日間の加温後、温度を下げた時には、すでに黒ニンニクになっている。その後の再加温はよりおいしく仕上げるための熟成と乾燥の期間」。この熟成の時間を短くすれば酸味や苦味、ニオイが強く残るそうで、好みの味に調整もできるという。

パウダー化で加工品開発

できあがったものを黒ニンニクとして食べてもいいが、これをミキサーで軽く砕いてから、米粉の自家製粉などに使う製粉機にかければ黒ニンニクパウダーの完成だ。パウダーにすることで使い道は広がる。

福澤さんは主に牛のエサに混ぜて使うが、最近は地域の直売所で黒ニンニクパウダーを練り込んだフランスパン、黒ニンニクパウダーをかけたソフトクリームなどの加工品開発も始まった。

黒ニンニクソフトは、そのまま食べるとニンニクの風味を強く味わえるが、混ぜて食べるとカフェオレのような風味に変わる。価格は1つ300円ほどで「珍しい」「体にもよさそう」とお客さんからも好評だ。

福澤秀雄さん。野菜の直売所出荷もしている

すりつぶしニンニクが入ったトレイを食品乾燥機にセット。ラップに切れ込みを入れておく（矢印）のがポイント

セット

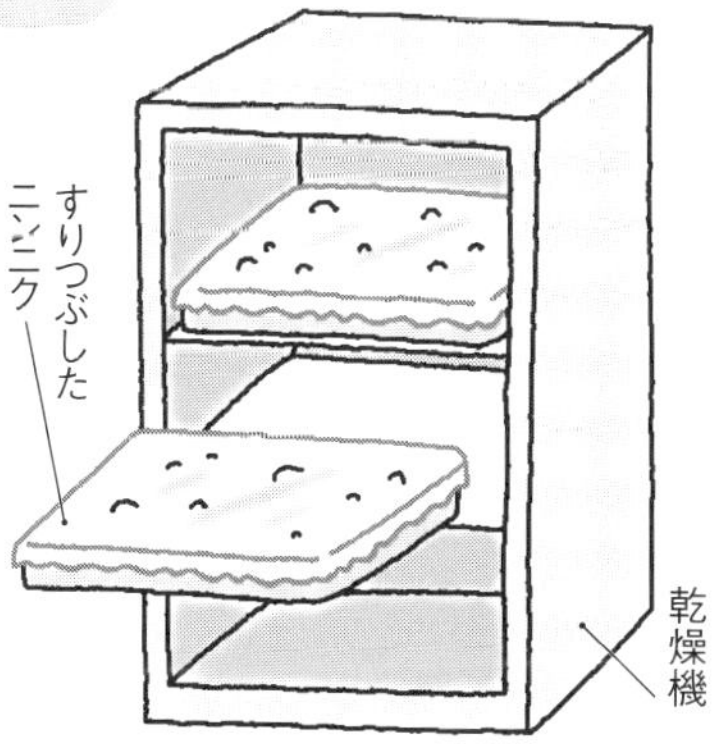

加温（80℃・4日間）

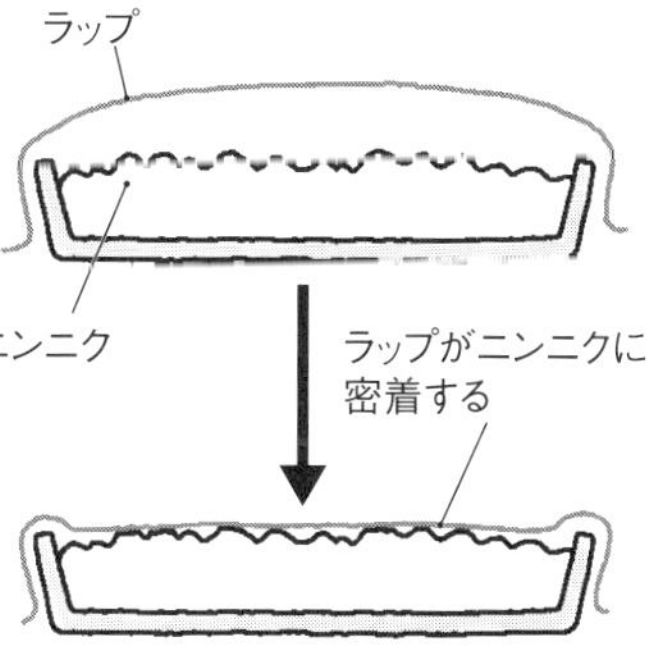

温度低下（スイッチ切るだけ。1日）

再加温（80℃・7～8日）

製粉

黒ニンニクパウダーをたっぷりかけた黒ニンニクソフト。地元の道の駅の名物になっている

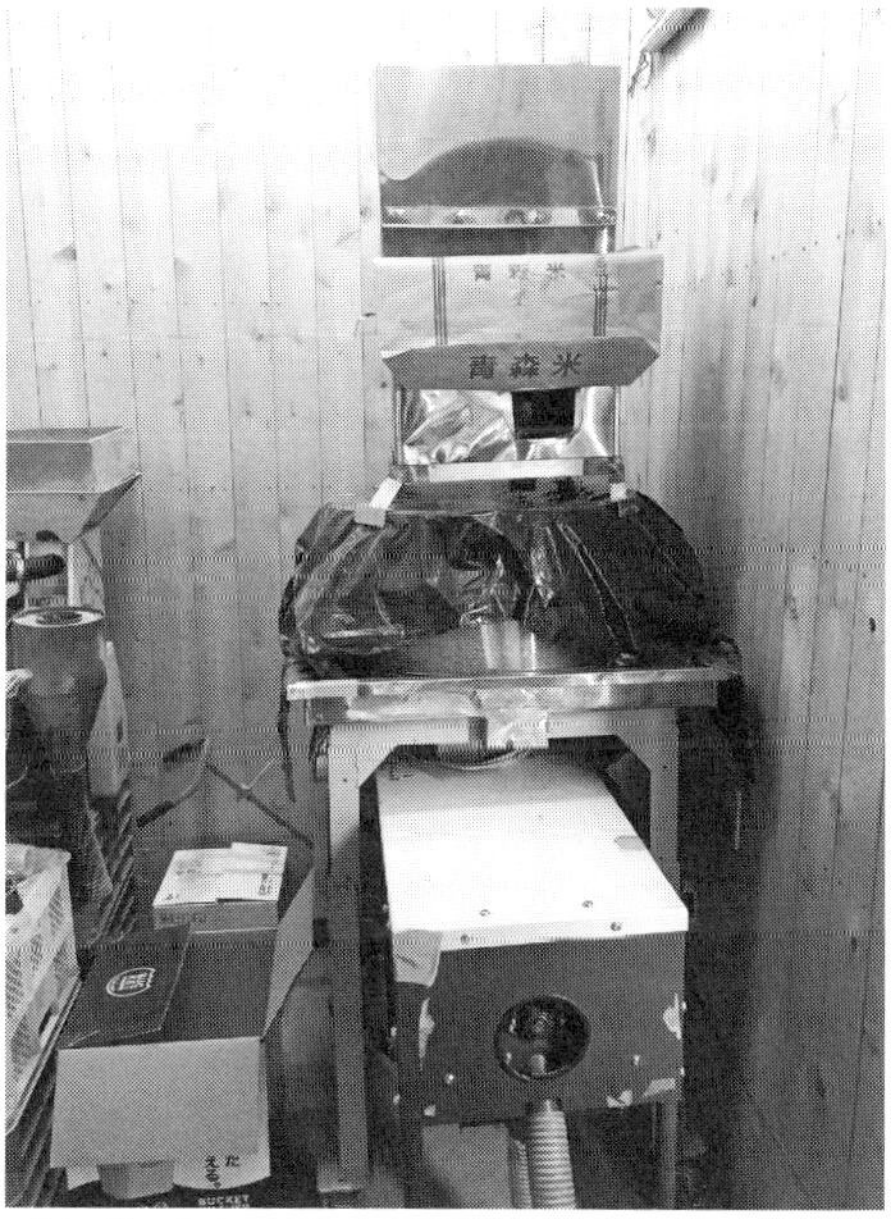

パウダー加工に使う製粉機。できあがった黒ニンニクはかたまりがあったり、糖分が多くてこびりついたりするので、ミキサーや手で軽くほぐしてから投入する

中古ロッカーと大鍋でどっさり作る

兵庫・松田忠重

最初は自分用、好評で本格的に販売

現在、私は72歳。ふるさと但馬米というブランド米を約50a、ニンニクを約4000株、そのほかいろいろな野菜を栽培しています。ニンニクは黒ニンニクにして、その他の野菜と一緒に、2カ所の道の駅で販売しています。また、宅配でも販売しています。

黒ニンニクを作り始めたきっかけは、食べてみてその味のよさと健康への効果を実感したから。これなら毎日食べたい、しかし高価、だったら自分で作ろうと考えました。最初は自分のためでしたが、余った分を販売してみたらとてもよく売れたので、そのうち販売を目的に作るようになりました。

ロッカーと大鍋でどっさり作る

以前は一升炊き炊飯器で保温して作り、一度に生ニンニク約2kg分作れました。しかし、これでは間に合わなくなってきたので、もっと多く作れるようにと、電熱器をつけたロッカーに密閉ふた付きの大鍋4個を入れて作る方法を考えました。

大鍋には生ニンニクが4kg入るので、一度に16kg分作れます。温度調整も可能で、通常は約70℃で保温し、13～15日かけて熟成させます。ロッカー内の棚は上下で温度が異なるため、期間中一度だけ、上下の棚の鍋を入れ替えます。大鍋の底にはひっくり返した竹ザルを置き、その上に生ニンニクを載せています。そうすると、熟成中に底に溜まる水分でニンニクが濡れることを防げます。

筆者とロッカーを利用して作った黒ニンニク熟成器。毛布でくるんで効率よく保温

サーモスタットで電力消費を抑える

熟成器の電力消費を少なくしたいので、熱が逃げないよう、ロッカーに断熱シートをかぶせ、毛布4枚でくるみました。さらに、電熱器とサーモスタットを組み合わせ、温度センサーで内部を測って、温度に応じて電熱器が自動でオンとオフを切り替えるようにしました。つねに一定の温度が保たれ、無駄な電気消費を減らせます。制御装置自体の消費電力は3W以下とわずかです。

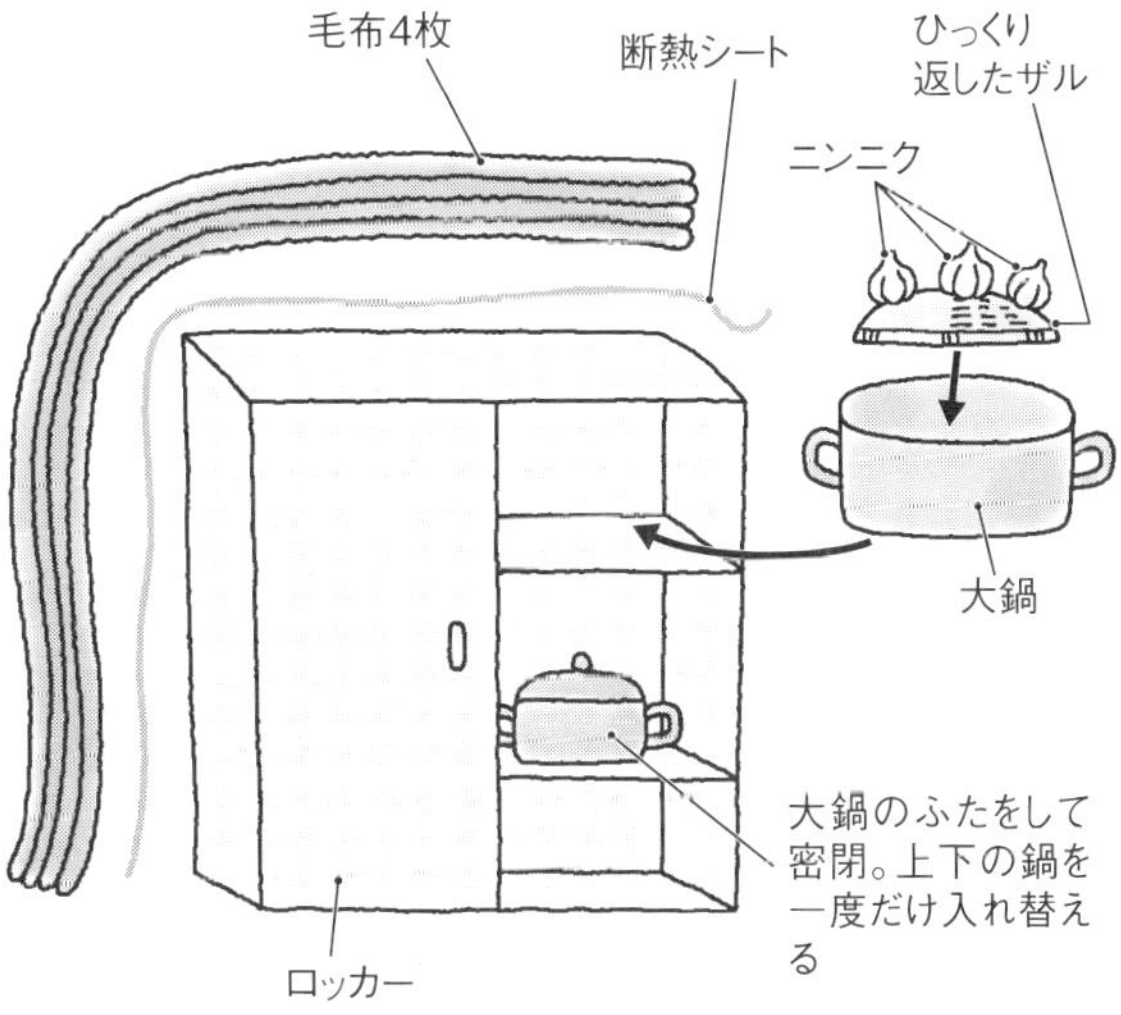

ロッカーの中には電熱器と温度センサーがついている。自作した制御装置で、内部の温度に合わせて電熱器の電源のオンとオフを自動で切り替えて、温度を一定に保つ

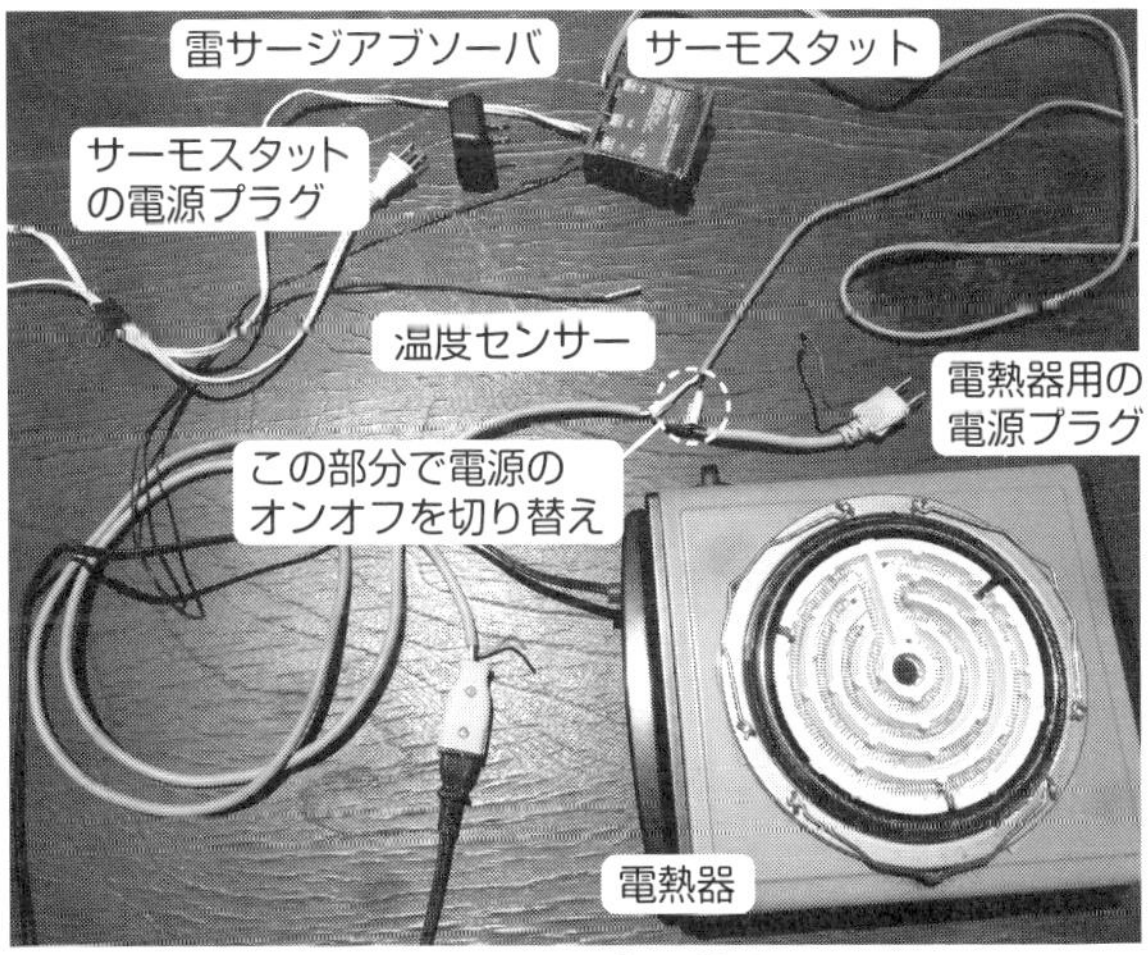

電熱器とサーモスタットで温度を管理

- サーモスタットは温度センサーつき。ネットで購入
- 落雷による異常電圧（雷サージ）での故障を予防するため雷サージアブソーバ（吸収器）を使用
- サーモスタットはLEDモニターにつなげてあり、内部の温度が表示される

◇

私の黒ニンニクを食べてくれたお客さんからの声は次のとおりです。

①便通がよくなった。
②よく眠れるようになった。
③しわが減った。
④持久力がついた。
⑤冬でも身体がポカポカ温かい。
⑥風邪をひかなくなった。
⑦肩こりや、腰痛がラクになった。
⑧帯状疱疹が出なくなった。
⑨白血球が少なかったのが正常になった。
⑩血糖値が20〜30下がった。
⑪花粉症が改善した。
⑫頭痛がなくなった。

黒ニンニクを本格的に販売するにあたって自分で考えたキャッチコピーがあります。

「3万5千6百日の人生劇場、あなたが主役、健康一番。黒にんにく、食べて実感、湧き出る元気!!」

これからも思いを込めて黒ニンニクを作っていきたいです。

（兵庫県朝来市）

炊飯器を2週間開けずに我慢

岡山県勝央町　安東徳純さん・清子さん

皮は金色のままだが、中身はしっかり黒い。甘みもニオイもマイルドで食べやすい

直売所では12～13片を紙袋に入れて販売。中が見えないので近くに試食も置いた。1袋200円と安値だったこともあり、あっという間に売り切れた。ザルは保温後の乾燥の時に使っているもの

安東さんご夫婦。黒ニンニクを食べるようになってから体調がすこぶるよい。ニンニクの収穫が終わる頃からは、特産品の作州黒ダイズづくりが始まる。とくにエダマメがおいしいと評判で、生産がおいつかないほどの人気
(写真はすべて田中康弘撮影)

黒ニンニクで風邪を吹き飛ばした

74歳になる安東徳純さんと69歳になる妻の清子さん。2人の健康の秘訣は毎晩欠かさず食べる黒ニンニクで、とくに清子さんはリウマチで、薬に免疫力低下の副作用があり「風邪をひくと3カ月こじらせてしまうこともありました」と苦しんできた。「それが黒ニンニクを食べるようになってからまったく風邪をひかんのよ。インフルエンザの予防接種ももう必要なし」と笑顔で話すお2人。黒ニンニクのおかげで元気に過ごせる毎日が嬉しくて仕方な

炊飯器はこれまで６台ほどで作り試してきたが、１台だけどうしてもカチカチになってしまう圧力ＩＨ炊飯器があった。中の温度が急に上がるからではないかと考えている。現在は写真の3台を使ってジャンジャン作っている

い。

見た目は焼き栗、味わいは羊羹

安東さんの黒ニンニクは「焼き栗と間違えた人がおった」という金色の皮が印象的。しかし、中はしっかりと黒く、甘みは強くてニオイはマイルド。「うまくできると羊羹のような歯ごたえになるんじゃ」と徳純さん。

知人から中古の炊飯器を譲ってもらうなどして、これまでに6台の炊飯器を使って黒ニンニク作りを研究してきた。炊飯器の種類もできに関係するらしく、今なお黒ニンニク作りは研究中とのことだが、安東流の作り方のポイントを教えてもらった。

完成まで炊飯器を開けない

収穫したニンニクを乾燥（1日天日に当ててから、ヒモで吊るして約1週間）させてから、炊飯器に入れてしばらく保温。黒くなったら取り出してさらに乾燥させて完成という流れは96ページの松田さんの作り方と一緒だ。

一つ特徴的なのは、炊飯器にニンニクを入れて保温を始めたら、その後は取り出すまで一度も炊飯器を開けないこと。入れた日をカレンダーに書いておき、きっちり14日後に開けて取り出すのだそうだ。「いらわん（いじらない）ほうがええね。そのほうがようで

もともと勝央町はニンニクの産地だ。ニンニクは根の付け根部分が平らになったら収穫適期。矢印の部分が割れたらＢ級品になるので、そういうものを黒ニンニクに使う

きる気がする」と清子さん。途中の味見なしでもとくに仕上がりに問題はないという。

入れる時は1片ずつ

ニンニクは炊飯器の底に四つ折りにした新聞紙を敷いてから入れ、最後に上からも四つ折りにした新聞紙を載せてふたをする。

また、少しだけ手間は増えるが、必ず1片ずつにばらしてから入れる。そうすることで、途中で上下を入れ替えたりしなくてもムラなく仕上がると考えてのことだ。

取り出したらザルで乾燥

炊飯器から取り出したら、ザルに広げて日陰に置いて乾燥させたら完成だ。本当は紙袋に入れて室内に吊るしておくのが一番いいそうだが、ニオイが気になるので、今は100円均一で見つけたザルを使って屋外で乾燥させている。

昨年は自家用で余った分を地域の直売所で販売したところ、すぐに完売。しかも安東さんの黒ニンニクがもっと欲しいと指名されるほど気に入ってもらえたそうで、今年は少し増産しなくてはと考えているところだ。

黒ニンニクの健康効果

うまさとパワーの秘密は メイラード反応にあり

前多隼人

トップクラスの健康効果

ニンニクは健康の向上に役立つ食材としてトップクラスの評価を得ています。アメリカの国立がん研究所の報告ではニンニクはもっともガンの予防に効果的な食材であると報告されています。古代エジプトの医学書にもニンニクの薬効が記載されており、古くからその機能性は知られてきました。

しかし、ニンニクを食べる際に問題になるのが、刺激的なニオイです。ニンニクのニオイは硫黄化合物によるもので、食欲の増進に役立ちますが、食べ過ぎは口臭や体臭の原因となります。ニンニクの刺激成分によってお腹の調子を悪くする人もいます。

黒ニンニクで効果アップ

黒ニンニクの利点はニンニク独特の臭いや刺激が抑えられて、ドライフルーツのように甘くなり、おやつ感覚でおいしく食べられる点です。

また、生ニンニクよりもS-アリルー

黒ニンニクの色は糖とタンパク質が結合して起こる化学反応の産物
(田中康弘撮影)

L-システインと呼ばれる物質が増える報告があります。S-アリル-L-システインは認知機能の向上やさまざまな疾病の予防効果の報告がある、ニンニク特有の物質です。

さらに、生ニンニクよりも抗酸化活性が上昇し、機能性が高まることも報告されています。抗酸化活性を持つ食品を食べることは、健康の維持に有効であるといわれており、黒ニンニクもその食品の一つとなることでしょう。

なお、黒ニンニクにはS-アリル-L-システイン以外にもアミノ酸やシクロアリイン、ポリフェノールといった健康向上に役立つ成分が豊富に含まれています。いずれも身体にずっと蓄えておけない成分なので、毎日少しずつ摂取することが重要です。

うまさの秘密はメイラード反応

黒ニンニクは生ニンニクを高温高湿度で数日間維持することで作られます。発酵食品と思われがちですが、微生物は関与せず発酵はしていません。

また、黒ニンニクの黒い色は焦げではなく、メイラード反応という化学反応で生じた物質(メラノイジン)によるものとされています。メイラード反応は、糖とタンパク質が結合して起こる反応で、身近なところでは、味噌や醤油の色、パンやクッキーの焼き色、コーヒー、ビール、ウイスキーの色の変化もメイラード反応によるものです。

メイラード反応は食欲をそそる香りや食品の保存性を高める役割があるとされます。先人から伝わる生活の知恵といってもよいでしょう。

海外でも人気拡大中

黒ニンニクは、最近では海外での人気も高まっており、アメリカ、ヨーロッパへ輸出もされています。黒ニンニクで作るソースは肉料理にもよく合うそうです。ニンニクの生産量が日本一の青森県では、たくさんのメーカーから黒ニンニクが販売されています。県内だけですでに数十億円の産業に発展し、青森県黒にんにく協会も発足し、全国黒にんにくサミットが開催されるなどの盛り上がりをみせています。

(弘前大学農学生命科学部)

ニンニクのおやつ・漬け物

砂糖・ハチミツで煮詰めておやつにもなるニンニク甘納豆

宮城・阿部あつ子

粉糖をまぶしたニンニク甘納豆。写真は白粉糖だが黒粉糖でもいい（高木あつ子撮影）

ニンニク甘納豆は本誌ではありませんが、地元新聞で1人の和菓子職人が「作り方伝授します」と投稿しているのを見つけ、すぐに連絡したのがきっかけです。わが家にお招きし、作り方を実演してもらって覚えました。

完成したニンニク甘納豆は、黒ニンニクと同じようにツヤのある黒色で、甘みが強く軟らかな食感。甘納豆に本当によく似ていて、生ではあんなに臭かったニンニクとは思えないほど、おいしいおやつに変わります。おすそ分けすると、お年寄りから子どもまでみんなに喜ばれます。

黒ニンニク甘納豆作りには、熱伝導のよい銅製の鍋がおすすめです。煮くずれせず、味もしっかり染み込みます。

（宮城県石巻市）

ニンニク甘納豆作り

❶ニンニク4kgを1片ずつに分ける。
❷鍋にニンニクと浸る程度の水を入れ、沸騰させない温度で約3分ゆでる。薄皮がむきやすくなる。
❸鍋からニンニクを取り出し、薄皮をむく。
❹鍋にニンニクと浸る程度の水を入れ、火にかけて約80℃まで温める。温まったら湯をこぼす。これを3回繰り返す。
❺鍋にニンニクと浸る程度の水、白砂糖3kg、ハチミツ400g、オリゴ糖400gを加えて火にかける。
❻約80℃まで温まったら、火加減を調節して温度を保ちながら8～10時間ほど煮詰める。沸騰させると煮くずれるので注意する。
❼ニンニクが茶褐色に変色し、ふっくら軟らかくなったら鍋から取り出す。網に載せて乾燥させ、粉糖をかければできあがり。

☆最後に鍋に残った汁は、煮物料理などに少量加えて風味づけに利用できる。

ニンニクのうまい話 4

絵・角　慎作

びっくりの甘さ黒ニンニクの黒酢シロップ

大仙市の鈴木健行さんと泰子さんご夫婦は、ニンニクを20a栽培しています。7月の初めに収穫し、4週間しっかり乾燥させてから、保温ジャーで黒ニンニクを作ります。

黒ニンニクは、そのままでもちろんおいしいのですが、2人はもうひと手間加えて、これを黒酢シロップにします。すると「黒酢の酸味はどこにいった」というくらいに甘い。砂糖は一切使っていません。

作り方は簡単。黒ニンニクの皮をむいて、ビンいっぱいに詰め込みます。そこに黒酢を満杯に注いで密封。3カ月間置いたら完成です。

ニンニクが黒ニンニクになる時にデンプンが糖に変わり、その糖が今度は黒酢に抽出されるので甘くなる。ニンニクには薬効だけでなく、甘さも秘められていたんですね。

鈴木さんご夫婦は、週に3回ソーダやお湯で割って飲んでいます。おかげで身体の疲れやだるさを感じないそうです。

の酢漬け

島根県飯南町

若林 文子

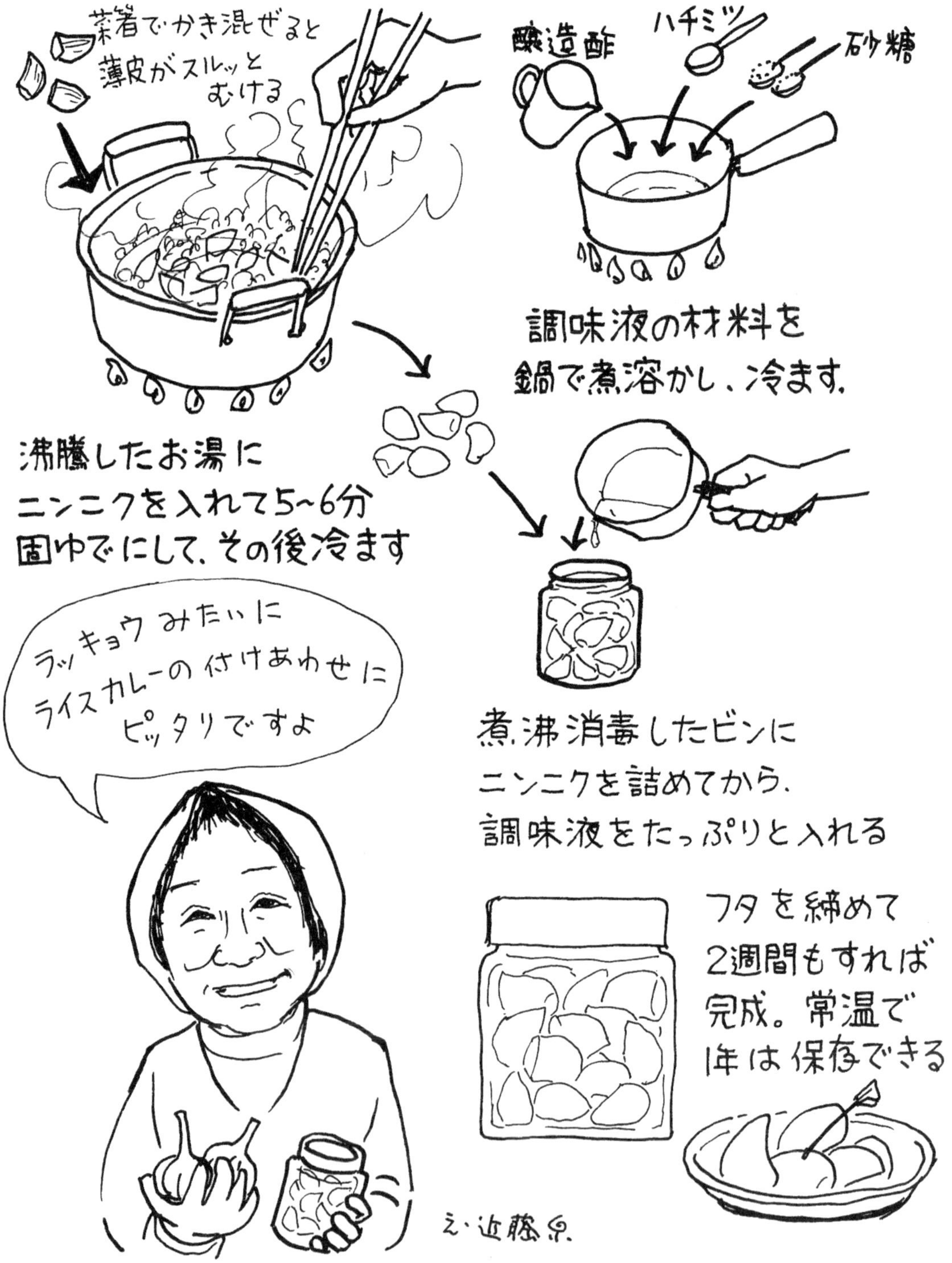
菜箸でかき混ぜると
薄皮がスルッと
むける
沸騰したお湯に
ニンニクを入れて5~6分
固ゆでにして、その後冷ます
醸造酢
ハチミツ
砂糖
調味液の材料を
鍋で煮溶かし、冷ます。
ラッキョウみたいに
ライスカレーの付けあわせに
ピッタリですよ
煮沸消毒したビンに
ニンニクを詰めてから、
調味液をたっぷりと入れる
フタを締めて
2週間もすれば
完成。常温で
1年は保存できる
え・近藤泉

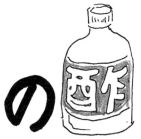

漬け物お国めぐり (417) ニンニク

私の住む町は、広島との県境にある飯南町です。標高420mあり、きれいな山々に囲まれています。農家に嫁いで50余年、孫たちはもう町を離れて、今は娘夫婦との3人暮らし。畑担当の私は、つくった野菜を近所の方や親戚、友達におすそ分けしたり、孫たちに送ったりして楽しんでいます。余った野菜は漬けたり干したりすることが多かったですが、最近は常温で長期保存できて、使い勝手のいい酢漬けも作ります。抗酸化作用のあるニンニクは、食べると免疫力が高まるので、たとえ小粒のものでも使い切るべき食材。ぜひ、長持ちする酢漬けに！

〈材　料〉

ニンニク……………100g

※調味液

醸造酢……………100ml

ハチミツ……………大さじ1

砂　糖……………小さじ2

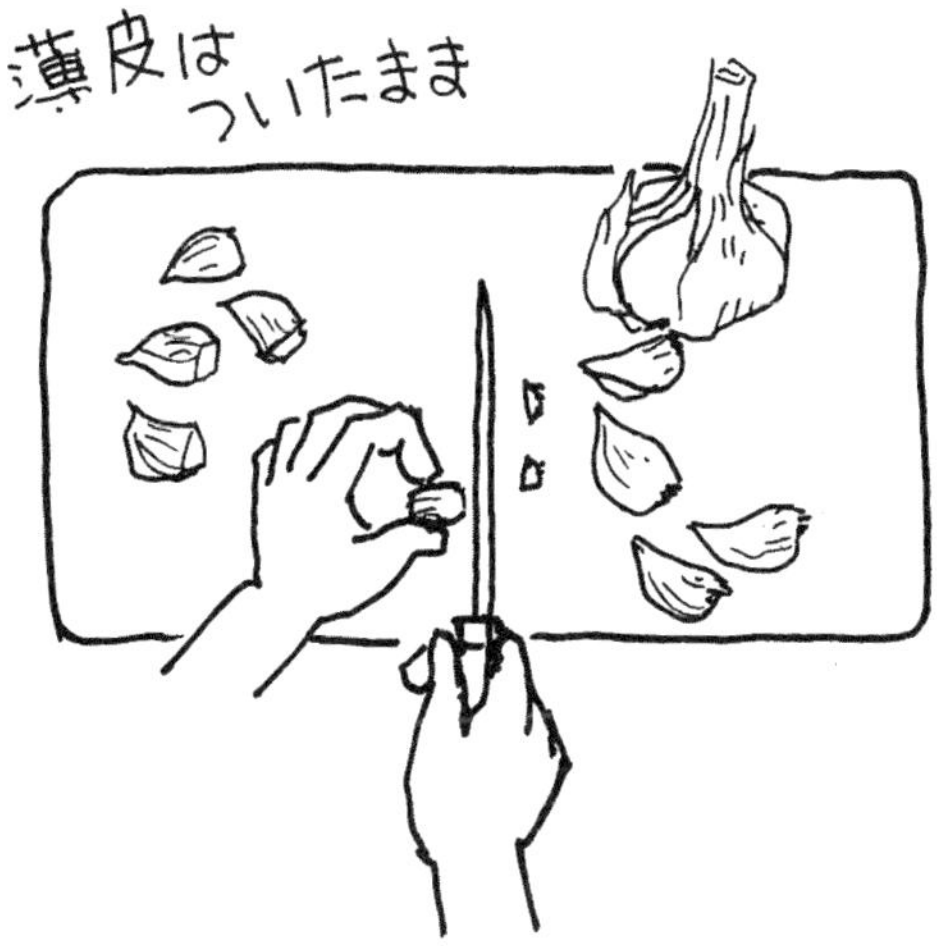

ニンニクを1粒ずつに分けてから
根元を切り落とす

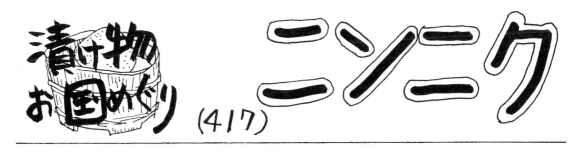

黒砂糖漬け

大分県 天瀬町
中嶋 郁子

❷ 漬け汁をつくる.

鍋に水と黒砂糖を入れ、沸騰させないように気をつけあたためる.

黒砂糖が溶けたら火を止め、酢を入れる

冷たくなるまで常温でおく。

❸ 本漬けする.

フタつきの容器にニンニクを入れ、漬け汁を注ぐ.

1年おいて完成

刻んでチャーハンに混ぜても
おいしいです

え・近藤泉

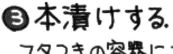

漬け物お国めぐり(309) ニンニクの

ニンニクの黒砂糖漬けは、沖縄の友人から教わりました。沖縄ではお茶うけにするようですが、わが家では刻んでチャーハンに入れたり、晩酌のお供にしたり、いろいろ使っています。黒砂糖とニンニクの香りがクセになって、ついつい食べすぎてしまいます。でもそのおかげか風邪もひきませんし、夏バテもしません。

❶ 下漬けする。

収穫したてのニンニクの茎と根を切る。

干したものだと固くなりすぎるので注意！

外皮をはぐ。

りん片がバラけないように皮を1枚だけ残す

ニンニクを水洗いし、水をきってから大きめのボウルに入れる。

塩をまぶして一晩おく。

〈材料〉

ニンニク（丸ごと）		30～50個
塩		20g
漬け汁	黒砂糖	900～1,500g
	水	2ℓ
	酢	少量（おちょこ半分程度）

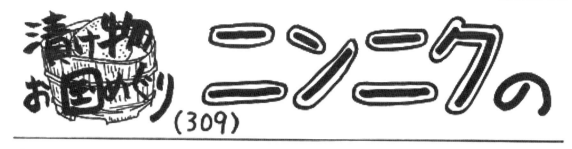

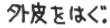

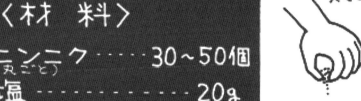

味噌漬け

神奈川県南足柄市
千田富美子

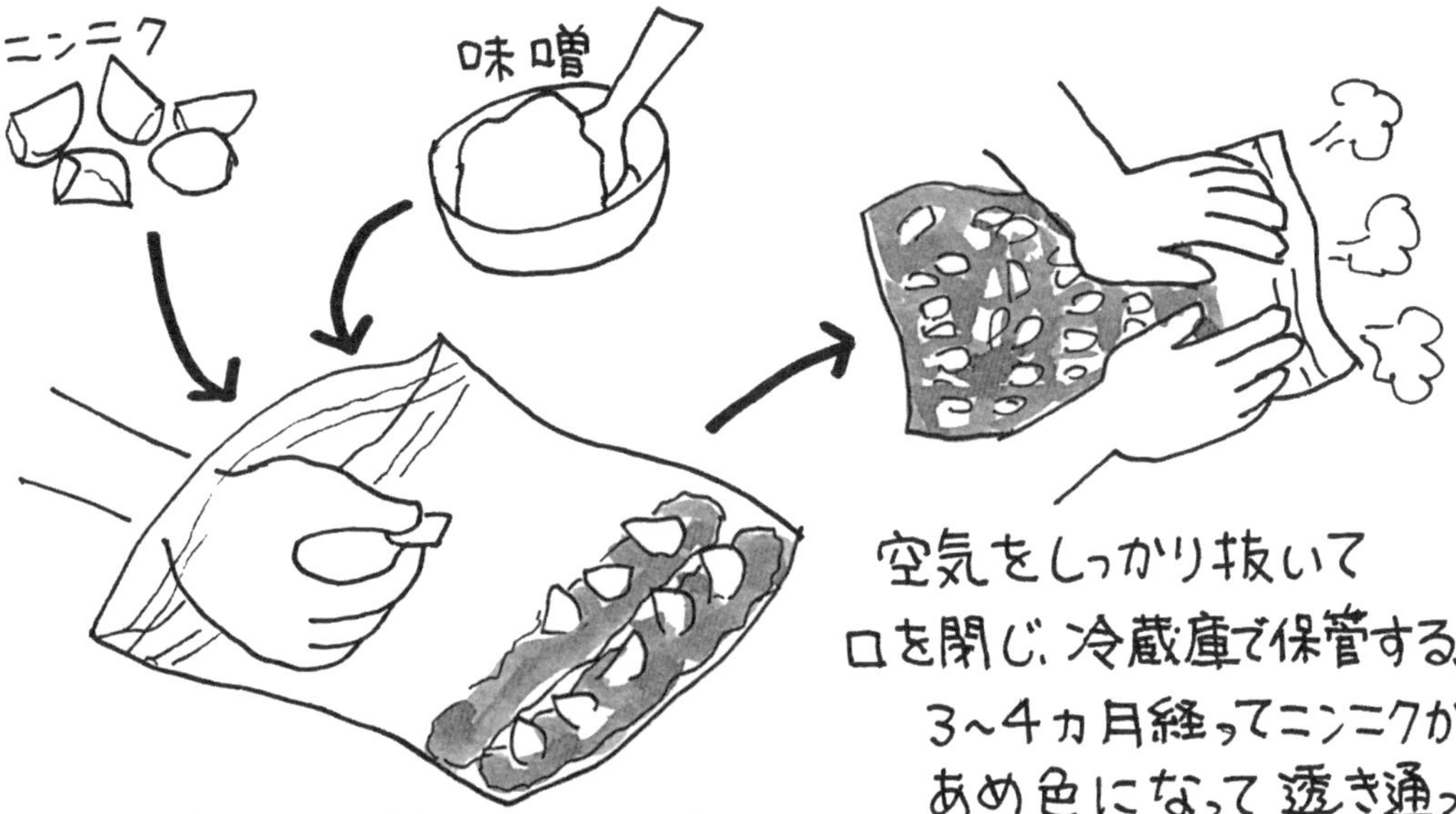

空気をしっかり抜いて口を閉じ、冷蔵庫で保管する。
3～4ヵ月経ってニンニクがあめ色になって透き通ってきたら食べごろ。

ビニール袋に、味噌、ニンニクの順で1段ずつニンニクを埋め込むように入れる。

え・近藤泉

漬け物お国めぐり（387）余ったニンニクの

循環型有機農業を模索しながら、米・野菜などをつくり20年が経ちました。ここ数年、春先から初夏にかけて野菜の生長が思わしくありません。温暖化の影響かとも思うのですが、食卓にのぼる野菜の少なさに自給力の低さを痛感させられています。これからは漬物や乾物に加工して長期保存できる野菜も育てて、野菜不足の時期に備える知恵が必要だと思っています。「ニンニクの味噌漬け」はわが家唯一の保存食。子どもから大人まで人気があります。前年にタネ用にとっておいたニンニクを畑に定植する際に、小さなりん片が余ります。それを芽が出ないうちに味噌に漬け込むだけ。食べるときはお皿にポンとのせるだけの手間いらずで、ありがたい存在です。

〈材　料〉

ニンニク‥‥‥‥500g
味噌‥‥ニンニクと同じくらいの体積量

バラバラにしたニンニクを皮をむきやすくするため水に15分ほど浸ける。

水気を切ってニンニクのおしりの部分を切り落とし、皮をむく。

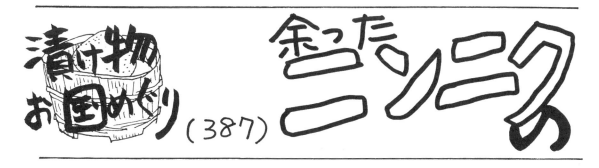

このとき、切り口の液で手がヒリヒリするのでビニール手袋をする。

ニンニク卵黄を自分で作る

ガンの人、糖尿病の人、便秘の人が喜んだ

ニンニク卵黄の作り方

愛媛県四国中央市　宮崎美代子さん

宮崎美代子さん。ニンニクは加工するばかりでなく、蒸した後の汁を自家用野菜にふりかける。ダイコンが2倍の大きさになったとか（写真はすべて田中康弘撮影）

79歳だけど50代の体力

ニンニクと卵黄を火にかけながらじっくり練り込んだ健康食品「ニンニク卵黄」。宮崎さんは、なんとニンニク卵黄を自分で作っている。あくまでニンニク主体で考えているから、市販のものに比べて、卵黄少なめ、ニンニク多めなことが特徴だ。

気心の知れた人は、宮崎さんのことを「ニンニクお嬢さん」などとからかったりもするが、実際、79歳の宮崎さんは元気そのものだ。来る日も来る日もニンニク卵黄を作り続ける根気もさることながら、ちょっと前に受けた健康診断の体力テストでは50代と同じ体力と診断された。

しかし宮崎さんは、もともとそんなに体が丈夫なほうではなかった。手首やアバラ、肘、肩など至るところが痛くなる多発性リウマチがひどかったし、体調も崩しやすく、おまけに喘息持ちでもあった。それがすっかり治ってしまったというのだ。

また、寝る時靴下を2枚履きしても間に合わないぐらいの冷え性が、今では布団から素足を出してもぜんぜん平気なぐらい。それもこれも毎日欠かさず飲んでいる手作りニンニク卵黄のおかげだと宮崎さんは確信している。

「ニンニクしだしてから、疲れにくくなったんよ。だから朝起きるのも毎日すっと目が覚める。この15年間、風邪もようひかんし、歯医者以外は医者にもかかったことがない」

周りから「歳とともに元気になるようだ」とまで言われるようになった宮崎さん、これはニンニクそのものの力もそうだが、ニンニク卵黄を飲むことによって食欲がわくという作用も大きい。ご飯が進み、三食しっかり食べるので、病気につけこまれない体力がつくのだそうだ。

便秘やガンや糖尿病の人に感謝された！

始めた当初こそ自分のためのニンニク卵黄であったが、作っているところにガスや水道や電気の検針をする人がやってきて、皆一様に気になるようすで声をかけてきた。持たせてやると、

手作りのニンニクたっぷりニンニク卵黄

これが大の評判に。「そこらで売ってるものより断然元気になる。頼むからもっとこしらえて」とせがまれるほど。

これは人のためになるかもしれないと思い至った宮崎さんは、保健所の許可をとって、販売するようになったのである。

以来、宮崎さんのおかげで助かった人は数知れない。

便秘がひどいのだが医者でもらう薬では下痢になって悩んでいた人も「お腹がスマートになった」と喜んでくれたし、肺ガンを宣告された人もガン細胞が止まりずっと元気だし、糖尿病の人も調子がよくなった。みんなワラにもすがる思いでやってきた人たちばかりだが、一度飲んだらやめられず、すっかり宮崎さんのファンになってしまうのだ。

感謝の言葉が宮崎さんにとっては何よりうれしい。「ニンニクしだしてから、人生楽しい」という宮崎さんは、出会いを大切にするからどこかに出店するようなことはせず、訪ねてくる人に販売するという形を基本とする。せっかく来てくれても、品切れだと悲壮な顔をするから、毎日せっせと作る。よくなれ、よくなれ、と願いをこめて。

ニンニクは最高の野菜

ただ、一つ間違ってはいけないのは、宮崎さんの作るニンニク卵黄は薬ではないということ。薬のような劇的な効果を期待するのではなく、農産物の一環としてとらえるべきだという。

「ニンニクは最高の野菜。だからみんなも自分で栽培して、自分で加工してほしい。私のような素人でもできるんだから」

宮崎さんはいつも一度に8kgのニンニクを使って作っているが、これだと完成品は2kgほど。毎日飲んでも2年間は十分な量だし、それぐらいなら冷蔵庫に入れておけば保存もきく。

自分で作ったもので、自分で健康に。1人でも多くの人にそうなってほしいから、今回、作り方も包み隠さず教えてくれたのである。

※現在、宮崎さんのニンニク卵黄は販売されておりません。

ニンニク卵黄の作り方

材料はニンニクと卵黄とハチミツとゴマ油。宮崎さんの１回に作る量は、ニンニク8kgに対して卵黄20個だが、今回はニンニク1kg（2ネット）、卵黄３個で作ってもらった

ニンニクを３～４片ほどの大きさにほぐし、お尻の部分を包丁で切り落とす

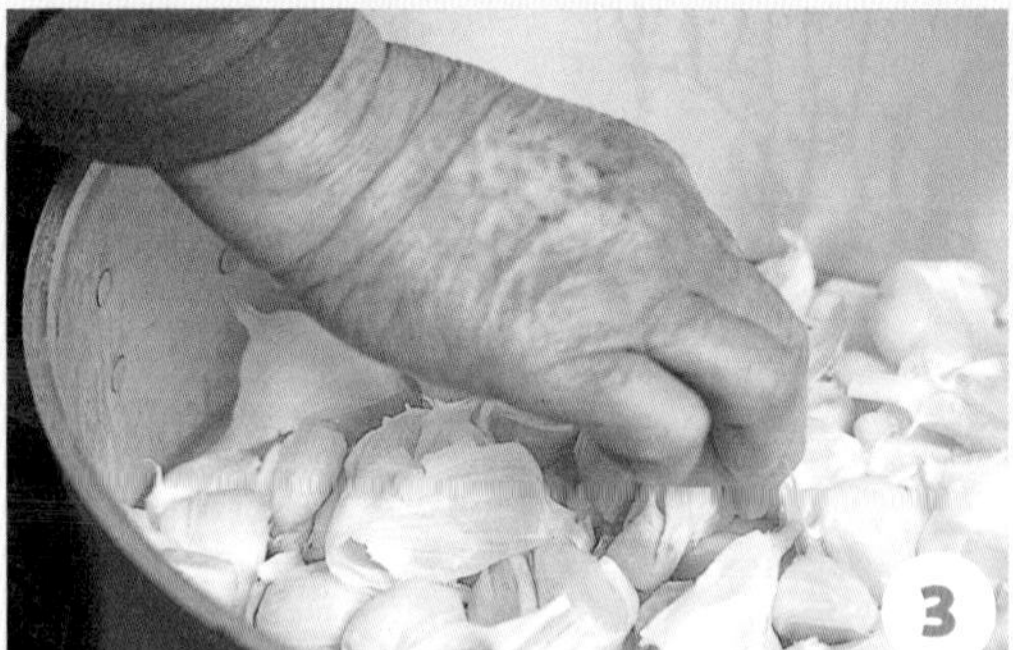

中まで柔らかくなるように蒸す

頭を持ったまま、指を滑らすと包丁で切ったお尻のほうからニュッと中身が出てくる。３～４片まとめてむけるから、時間がかからない。蒸してから皮をむくこの方法を編み出してから、指先や爪の中が痛くならず、助かっている

ニンニクと卵黄をフードプロセッサーなどに入れ、ツヤを出すためのハチミツを加える。入れすぎると固まらなくなるので、ハチミツは大さじ１杯が限度（この時の卵はたまたま双子卵ばかりだった。これでも卵は３つ分）

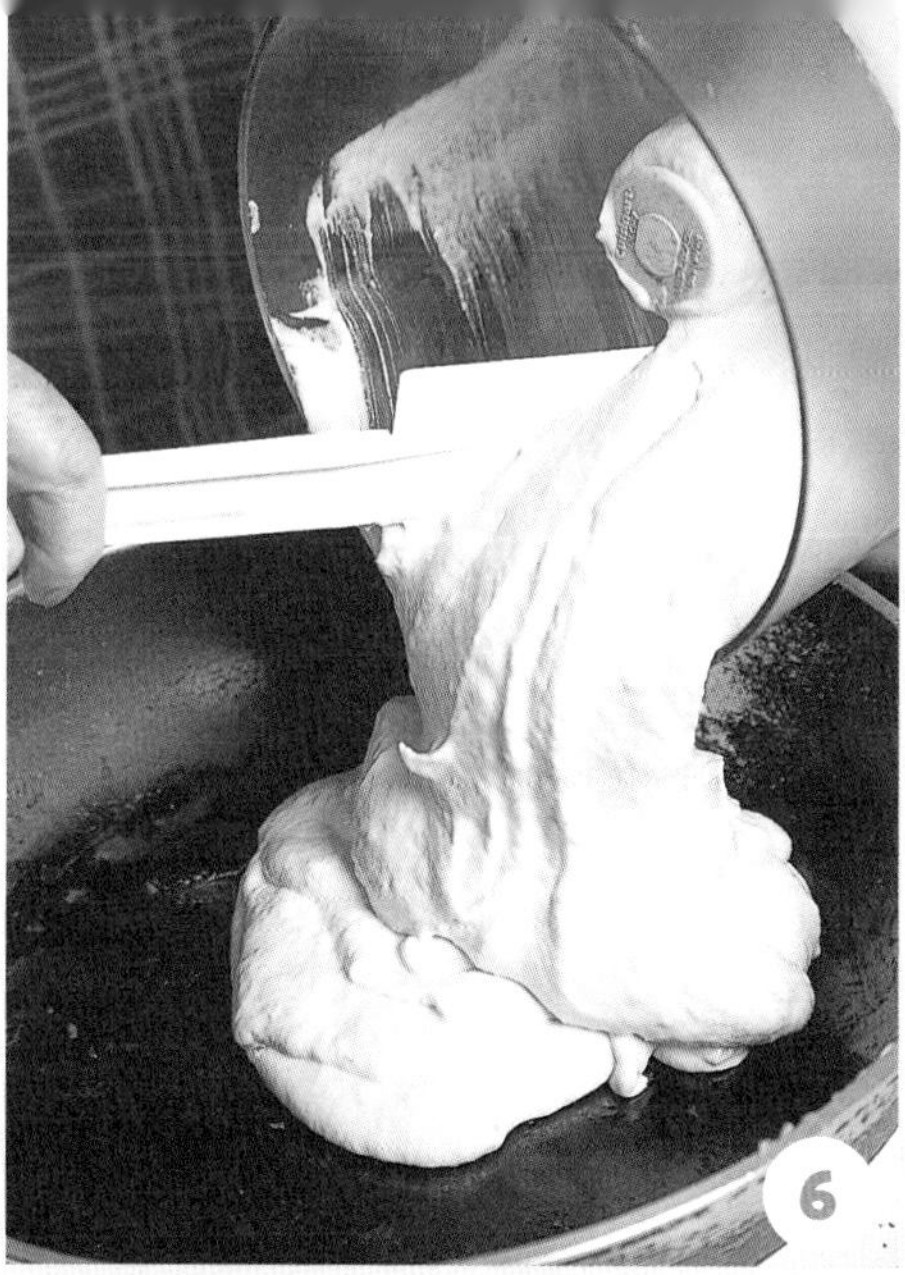

ツブツブが消えるまで混ぜ、油をひいたフライパンに移す。風味をつけるため、ゴマ油をお好みでさっとふりかけるように投入。ゴマ油に含まれるセサミンも体にいい成分

はじめは強火で、シュッシュッポッという音とともに白い煙が出だしたら、弱火に。後はひたすら１日中かき混ぜる。かさが減り、黒っぽく変色し、耳たぶぐらいの柔らかさになったら、梅干し大にちぎっていく

室内で一晩（10時間ほど）寝かした後、形を整える

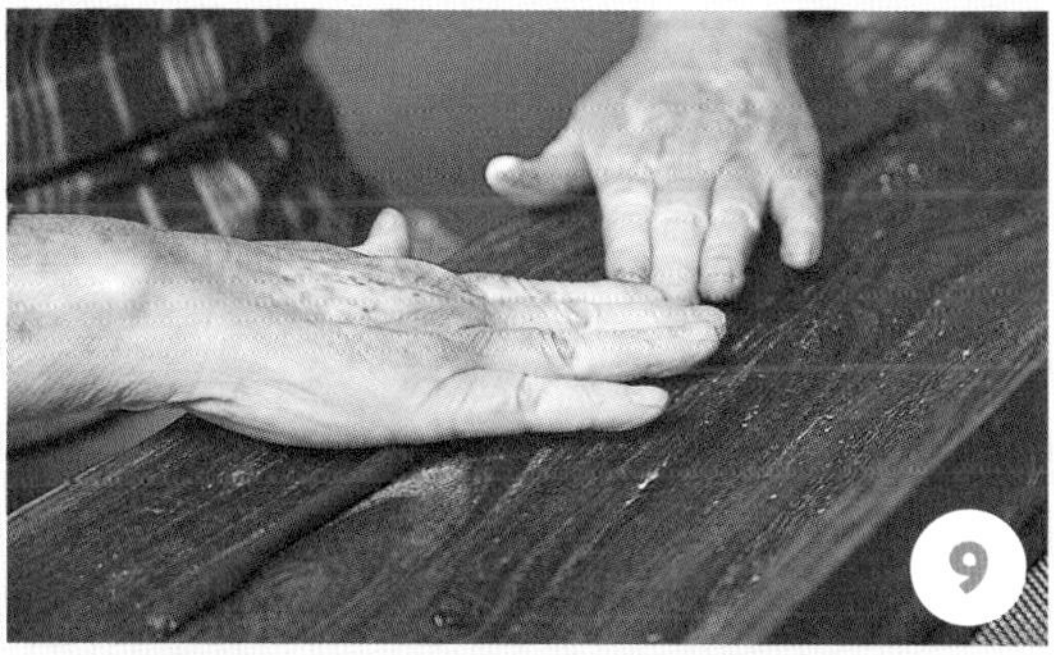

手に片栗粉をつけながら、棒状（直径５～７㎜）に伸ばし、今度は遠赤外線の乾燥機で７時間。天日で干す場合は、包丁で切るのにちょうどいいぐらいの硬さになるまで。棒を５～７㎜の長さに切っていき、さらに遠赤外線乾燥機で10時間（天日干しでもいい）。途中２～３回手で揉んでやると、ツヤが出てきれいに仕上がる

１回に５粒ずつ、朝昼晩３回ないしは朝晩２回飲むのがちょうどいい量

世界が注目 ニンニクの健康効果

調理法で変わる多彩な活性成分

有賀豊彦

傷つけたり つぶしたりすると 薬理効果を発揮

ニンニクの健康効果について知るためには、ニンニクという植物の特徴を理解する必要があります。

ニンニクはヒガンバナ科ネギ属の植物で、りん茎を食べます。65％の水分と30％の炭水化物が含まれており、合わせると95％になってしまうので成分上のバラエティには乏しいです。ところが、残り５％の中に含硫成分（硫黄原子を含む有機化合物）が最大で70％（つまり、全体の３・５％程度）含まれていて、その薬理効果が多彩かつ顕著であるため、古来より好まれてきました。

20世紀中ごろよりニンニク研究は日本を中心に大変盛んになりました。京都大学の藤原らによるアリチアミン（商品名アリナミン）の発見など、大きな功績が残されています。現在まで続けられてきた、ニンニク中の「もの」と「効果」とを結びつける研究の成果は、世界で３０００あまりの論文が出され、とても複雑な機構がいくつか明らかになりました。それらを整理すると次のようになります。

①無処理のニンニク中には（そのまま中をのぞき見たとして）生理活性物質は少ない。

②ニンニクを薬液に浸けるなど特殊な処理をすると生理活性物質ができてくる（たとえばＡＧＥ中のＳＡＣ、湧永製薬）。

③生ニンニクを傷つけたりつぶしたりすることで、②とは別の生理活性物質がつくり出されてくる（アリシンに代表される殺菌成分チオスルフィネート）。

④つぶしたあとの処理の仕方（加熱す

る、油を添加するなど）で、血栓形成阻害成分アホエン、ジチインがつくり出される。

⑤生ニンニクが傷つけられた際につくられたアリシンは、時間がたてば安定なスルフィドに変化し、体力増強や血栓防止、抗ガン作用など、さまざまな効果を発揮する。スルフィドは安定な物質だが揮発性である。

“有事”にのみ働くニンニクの防御システム

このような複雑な結果になるのは、ニンニク固有の防御システムに起因しています。防御をつかさどる成分群（前述の含硫化合物）は、アリシンなど化学的に不安定な刺激性の化合物です。ニンニクは傷つくことで自らの細胞が壊れ、死滅しやすい植物です。

この時、安定な化合物（アリイン）から、酵素（アリイナーゼ）の力を借りてアリシンが急遽つくり出されます。虫に食われたりカビに冒されたりと、有事に遭遇した時にニンニクが傷つき、つくられたアリシンが虫やカビを刺激するのです。

アリシンはニンニクが障害を受けた部位のみで生産されます。殺菌をすませた後、あるいは虫を追い払ってしまってからは、空中に飛散しニンニクから離れていきます。傷口に残ったアリシンも、刺激のないスルフィドに変化し、やがては飛散していきます。このような機構の存在によって、ニンニクは外敵から守られるのです。イモグサレセンチュウなど数種の害虫とフザリウム属など一部の菌を除いて、ニンニクを冒す菌類や、好んで食べる動物はほとんどいません。

ちなみに、強風にあおられて葉が折れても、その部分ではアリシンがつくられます。それにより細菌の侵入を防ぎ、次いで飛散するので、ニンニク畑は餃子のごとくよくにおうのです。

どう食べるかで作用が変わる

さて、ここまではニンニクの機能とはかけ離れた成分について論じてきました。その理由は、１９８０年以降の徹底した研究によって、ニンニクの「成分＝機能」の関係がよくわかってきたからです。言葉を換えると、近代科学が明らかにした驚くべき研究成果の一つが「ニンニクは処理の仕方で生まれてくる成分が異なり、作用も異なる」ということです。

人はニンニクを調理して食べ、また摂取の頃合いを知っているために、多量のニンニクを消費します。しかし、調理の仕方によって、そこに生じる成分は、量も種類も大きく違ってくるのです。同じニンニクを材料にしても、ニンニクの切り方やすり方、熱や油の加え方などによって、口から摂り入れられてからの効能はまったく異なります。

したがって、これまでの「あなたは何々をよく食べますか」に始まる統計は、ニンニクに関する限り、正確さに欠けているといっても過言ではないのです。

１９９０〜１９９４年にかけて実施されたデザイナーフーズ・プログラムの中で、米国立がん研究所（ＮＣＩ）はニンニクを抗ガン野菜の筆頭に挙げました。その慧眼には敬服するばかりです。

調理法別 ニンニクの生理作用

最後に、代表的なニンニクの処理（調理）と、それによる生成成分名および生理作用を簡潔にまとめました。

▼無傷のまま加熱

無傷のりん片を煮ると、アリインをアリシンに変化させる酵素（アリイナーゼ）が熱によって働かなくなり、アリインのまま残ります。

それを食べることでアドレナリン分泌が促され、糖質・脂質代謝を盛んにして体熱として放散させます。一方、血管平滑筋を弛緩させる作用があるため、血圧の上昇は避けられ、下降することも報告されています。アリインは無臭ですが、体内で分解された結果、摂取後2～3日後まで口臭や体臭が残るのです。

▼切断、すりおろし後の調理

切断面でアリシンが生成され、殺菌作用を現わします。アリシンは揮発性が高く、時間経過とともににおいを発しながら消え去ります。

また、アリシンは油への溶解性が高く、油中でスルフィドという安定な物質に変化します。殺菌作用は失いますが、血小板抑制など血液の流動性をよくし、糖質・脂質代謝を促し、元気感をもたらすなど体力面での活性化が顕著に現われます。ガン細胞の増殖を抑制するジアリルトリスルフィド（DATS）も、このスルフィドの中から見つけられたものです。

▼調理過程でのアリシンの変化と新たな効用

アリシンは水中で比較的安定であるため、消化管内の殺菌を行なうには、すりニンニクを多めの水とともに服用するとよいです。しかし、アリシンは刺激性で、潰瘍を引き起こすことがあるので注意が必要です。アホエンやジチインはニンニク調理時にフライパン上で生成する可能性があります。どちらも、熱と油を加えることでアリシンどうしが結合したものです。油に溶けて自然に摂取している成分でもあるのでしょう。

ニンニク利用の歴史は長く、全体的には安全な食べものです。いろいろ工夫して利用するのが生活習慣病の予防につながるものと考えられます。

また、ニンニクの病害虫の種類は少ないですが、特定の病害虫はニンニク大好きで集中してしまうため、駆除がなかなか困難です。駆除の際には、農薬汚染に関して十分注意を払っていかなければならないと考えています。

（日本大学生物資源科学部教授）

掲載記事初出一覧（すべて月刊『現代農業』より）

つくる、食べる、保存する　パワー全開！ニンニクづくし

球も葉ニンニクもニンニクの芽もみんなうまい……2023年7月号
納豆菌散布でニンニクの有機栽培……2023年6月号
黒ニンニク活用アイデア……2018年8月号
ガーリックブレイドを作ろう……2023年7月号

第1章

ニンニク栽培暦……2023年7月号
ニンニク栽培Q＆A……2023年7月号
ニンニクの生き方……2023年7月号
ニンニクの主な品種……2017年2月号
香りマイルドな大粒ニンニク「アリオーネ」……2021年2月号
強烈に辛くてうまい　竹やぶで復活した「ハリマ王」ニンニク……2017年2月号
病気に強い在来ニンニク「フレノチウ」…2019年9月号
スタミナ満点　葉ニンニク「ハーリック」……2021年2月号

第2章

植え付け前の種球を冷蔵庫へ　早どりニンニク栽培……2023年7月号
暖地型品種「平戸」でニンニクの早どり…2017年2月号
クズ品利用　ニンニクを芽出しして遅どり……2016年9月号
モミガラと薄皮むきで大玉がゴロゴロとれた……2019年9月号
シイタケの菌床エキスで生長促進……2023年7月号
堆肥の布団で大収穫間違いなし……2019年9月号
元肥の堆肥を変えただけで、ニンニクの収量が2割アップ……2017年10月号
ニンニク産地一丸で異常球を解決！……2023年11月号
ニンニクの有機栽培　自家培養の納豆菌で春腐病を防除……2022年6月号
無農薬栽培なら、摘んだニンニクの芽も売れる……2023年7月号
タンニン鉄でニンニクのさび病が出なくなった……2021年10月号
石灰で虫寄らず、苦土で大玉……2008年7月号
ジャガイモ収穫機でマルチごと掘り取り…2023年7月号
タネ割り、乾燥、尻磨き　アイデア農機でぜーんぶ解決……2023年7月号
ガーリックブレイドで売ってみた……2023年7月号
映える　省スペース　ガーリックブレイドを作ろう……2023年7月号
たった10日間でできる　スプラウトニンニク……2007年7月号
栄養たっぷり！　スプラウトで売る……2023年7月号
イネ　カメムシに自家製ニンニク＆トウガラシエキス……2023年6月号
イチゴ　ニンニクがアブラムシ・ハダニ対策になる……2023年7月号
ハウス両端のウネにニンニクを植えて、モグラの嗅覚を突く……2018年5月号

第3章

りん片はバラして詰める……2015年5月号
炊飯器に炭を敷いて、ベチョベチョを防ぐ……2018年8月号
米酢に漬けて塩こうじをまぶす……2022年8月号
末時さんの黒ニンニクの活用アイデア…2018年8月号
すりつぶしニンニクで黒ニンニクパウダーを大量に作る……2022年8月号
中古ロッカーと大鍋でどっさり作る……2020年9月号
炊飯器を2週間開けずに我慢……2018年8月号
黒ニンニクの健康効果……2018年8月号
砂糖・ハチミツで煮詰めておやつにもなるニンニク甘納豆……2022年8月号
ニンニクの酢漬け……2022年5月号
ニンニクの黒砂糖漬け……2011年7月号
余ったニンニクの味噌漬け……2019年11月号
ニンニク卵黄の作り方……2007年7月号
世界が注目　ニンニクの健康効果……2007年7月号

ニンニクのうまい話

ジャンボニンニクも栽培がラクで、球も芽もうまい……2008年9月号
段ボールの上でコロコロ、カビ知らずのニンニクに……2013年7月号
水耕栽培のニンニクは根もうまい……2014年1月号
びっくりの甘さ　黒ニンニクの黒酢シロップ……2019年11月号

※執筆者・取材対象者の住所・姓名・所属先・年齢等は記事掲載時のものです。

撮　影
赤松富仁
高木あつ子
田中康弘
戸倉江里
依田賢吾

カバー・表紙デザイン
髙坂　均

本文イラスト
アルファ・デザイン
金井　登
近藤　泉
角　慎作

本文デザイン
金内智子

農家が教える
わくわくニンニクつくり
品種・栽培から葉ニンニク・ニンニクの芽・黒ニンニク・ニンニク卵黄まで

2024年6月10日　第1刷発行
2024年8月30日　第2刷発行

農文協　編

発行所　一般社団法人　農山漁村文化協会
郵便番号 335-0022 埼玉県戸田市上戸田2丁目2-2
電話　048(233)9351(営業)　048(233)9355(編集)
FAX　048(299)2812　振替　00120-3-144478
URL　https://www.ruralnet.or.jp/

ISBN978-4-540-24135-2　DTP制作／農文協プロダクション
〈検印廃止〉　印刷・製本／TOPPANクロレ(株)